U0303741

植物Q&A

Questions & Answers about Common Plants

郑元春◎著　林丽琪◎绘图

商务印书馆
创于1897 The Commercial Press

目录 Contents

果实与种子

第 2 章 植物私生活趣味 Q&A

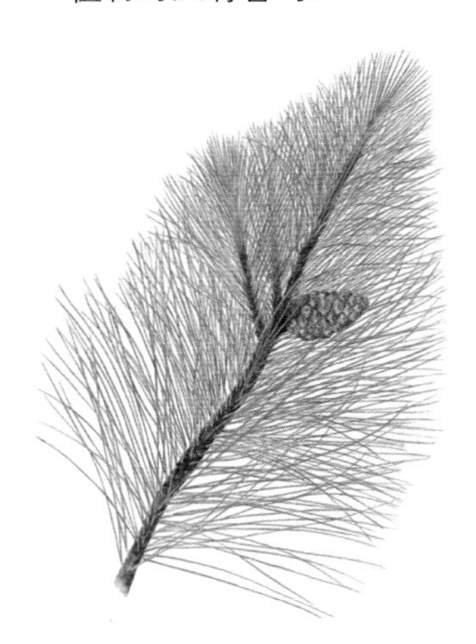

第 3 章 蔬果趣味 Q&A

第 4 章 生活中的植物 Q&A

第5章 照顾植物Q&A

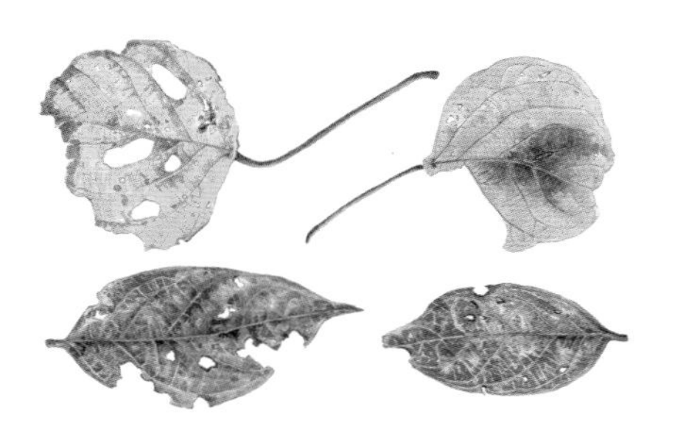

第 6 章 植物之最 Q&A

作者序

从事植物科普工作二十余年，在各种演讲、活动、写文章乃至民众的电话咨询中，累积了许许多多的问题，笔者将它们一一收集起来，并加以查证解答，于是有了本书的基本数据。

植物与人类的关系远比动物与人类的关系来得密切，我们在日常生活中几乎不能一日脱离植物，因此，发现或探讨各种花草、蔬果、树木、蕈菇等的奥秘，不但可以增加生活情趣，还可以获得营养、健康乃至漂亮盆栽等实际的好处，值得大家多费点心。

与植物相关的问题来自观察、实验和思考，所以从学龄前开始，孩子们就会发现有关豆子发芽、蔬果栽培、树皮剥落、植物生病、花开花谢的问题，师长及父母最好一起观察，协助实验，并替孩子们找寻答案。在教学相长的过程中，大人和小孩都能获得“解密”的快乐，并因而去发现更多的问题，寻得更多的乐趣，获得更多的益处。

植物虽然不会跑不会跳，不会说话不会闹，但是它们种类浩繁，而且无论种类、长相，无一不充满了生机和奥秘，即使你只专注于对某一草木的观察，也必定能在长期的用功之后，得到许多可贵的报偿。我深深相信，要是人人如此，那么不仅天地万物皆能相知相惜，自然之趣也将广泛传播于世间，社会将因此少几许暴戾，多几分祥和。

虽竟日与植物为伍，但我也喜欢动物和其他的生物，因为它们同样形形色色，蕴藏了丰富的生存之奥秘。生物界与人类活动的关系密不可分，但只有人类意识到，谦虚地融入整个大自然，地球寿命才能更久远，各种生物——包括人类自己——也才能活得更安稳。

植物是大地上的生产者，也是各种生命直接或间接的孕育者。让各种植物都能无忧无虑地生存繁衍，其实就等于让世界有了平和与安定。因此，观察各种植物的生长，研究各类植物的生态，发现其间存在的问题，并妥善地加以解决，不啻是最佳的自然保护，也是天地万物的一大福音。

本书出版的主要目的，一方面是方便教师及家长解答孩子们日常的植物问题；另一方面也希望借此抛砖引玉，让所有喜欢植物、重视自然的都能将平素对植物，乃至对生物的观察和研究所得，以出版、上网或其他方式发布出来，使更多的人受益，也让这个社会能因此而健康一点，可爱一点。

谢谢郭凤琴、郑丽玲两位老师协助整理稿件，谢谢家兄郑元鑫先生帮忙摄影，谢谢林丽琪女士的插画，也谢谢大树文化编辑们的用心与鞭策，我会继续努力，期待续集的付梓。

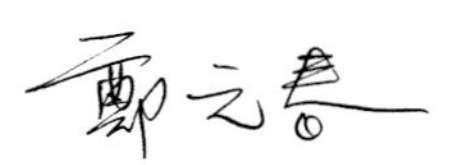

第1章
植物形态趣味Q&A

根都长在地下吗？

大家都知道，根是植物最主要的吸收和固持器官，它们通常都深埋在土壤里以固定植物体。

虽然根大部分以土壤为家，但有些植物有气生根、攀缘根等，这些根就不会深埋在地下。

附生性的蕨类、兰花和气生根发达的榕树、藤本植物等，它们的根往往固着在树干或石壁上，有时干脆悬垂在空气中，一方面帮助呼吸，另一方面则吸收空气中的水分。这类植物的气生根不喜欢通气不良的土壤，因此栽培时切忌将它们种在地上，高吊起来或固定在树干、蛇木柱等物体上才是正确的栽培法。

榕树的气生根除了帮助呼吸，还能吸收空气中的水分。

石斛兰的根长在半空中，一方面可以吸收空气中的水分，另一方面则能吸附在树干或石壁上，协助固着植株。

台湾白点兰有发达的气生根，使它即使高挂在树上也不会缺乏水分，仍能神采奕奕，展露花颜。

根可以长得多深?

天门冬的纺锤根长在长长的根部下方，更容易吸收和储存养分。(左图)

蕨类植物的须根往往长有茸毛或鳞片，它们的形状或生长方式常是分类学上的依据。(右图)

根通常是植物隐藏在地面下的器官，因此我们不容易看清整个根系的生长状况，尤其是高大的木本植物。

读者们大概都有拔草的经验，草本植物的根大致可以分成两类：禾本科等是“须根系”，细根很多，却都是短短的；中华小苦荬等是“主根系”，细根很少，主根较粗且长，它的长度大约是茎的高度，不知读者们注意过没有？

根据植物学家的研究，平地或低海拔的主根系草本植物，其主根的长度大约等于地面上茎的高度；但是生长在高山、海滨或贫瘠地区的主根系草本植物，为了要深入地下以便吸取足够的养分和水分，主根的长度可达株高的五倍以上。至于木本植物，它的根系的长度和宽度与树的高度、树冠的直径约略相等。以后大家看到植物，是不是可以推测出它的根有多长了呢？

番薯的根隐藏在土壤下方约十几厘米深的地方，要用铲子或锄头才方便挖掘。

不定根是什么？它有什么功能？

不定根就是由植物的茎部或叶部长出来的根，由于发生的部位并不固定，所以称为不定根。

植物的根是种子萌发时最先长出的部分，一般来说，双子叶植物如榕树、苹果、杨桃等，最先长出的根可以一直延长、加粗、分枝；可是单子叶植物如稻、麦、玉米等，最初长出的根很快就萎缩消失，紧接着从茎的最下方生出一大堆须根，这些须根自然也是一种不定根。

常见的不定根有榕树的气生根，林投和玉米的支持根，黄金葛的攀缘根以及利用压条、扦插等繁殖法长出来的根。

露兜树的气生根由树干的基部长出，到达地面后即可变成支持根，帮助它抵抗潮水及风沙。

榕树的气生根触地之后，若条件适合就能变成主干状，年代久远之后往往主干状的气生根林立，让人分不出谁才是真正的茎干了。（图为垂叶榕）

玉米的支持根虽有固持和呼吸的功能，但是无法像露兜树般强壮，台风来时，主人就得担心它是否会被吹倒。

更进一步地说，气生根是一种裸露在空气中的根，它们主要从树干或树枝间长出来。木本植物和草本植物都可能长出气生根，不同植物的气生根各有不同的功能。气生根最主要的功能是帮助呼吸，并从空气中摄取微量的水分。气生根在碰到地面时，往往会钻入土中，并慢慢变粗，成为奇妙的假树干。

榕树及其同类的气生根具有呼吸、吸水及固持的功能；许多兰花（蝴蝶兰、石斛、卡特兰等）的气生根也具有上述功能；绿萝、喜林芋的攀缘根具攀缘、固着的功能；玉米及露兜树的支持根则有固持和呼吸的功能，这些形形色色的不定根是不是很有趣？

银叶板根是怎么形成的？

很多读者都到过台湾的垦丁公园，也看到过里面的“银叶板根”奇景，可是你知道板根形成的原因吗？

垦丁公园属于热带地区，那儿多雨，夏季尤其常有暴雨出现。生长在这种环境下的大型树木，为了防止在雨水丰沛的时候被冲垮，自然演化出对抗的方法。在成长的过程中，它们不但将根系深深扎入土壤，而且在树干基部逐渐形成隆起在地面上的板状根，如此上下交互作用，自然可以增加不少支撑力量。

会形成板根的植物不只“银叶树”一种，许多生长在热带雨林中的树木也都有这种特性，大家熟知的“凤凰木”就是其中之一。

一般人只看到凤凰木鲜艳的花朵，其实它的板根构造也很有看头哩！下回看到凤凰木请注意观察它的板根，一定让你啧啧称奇。

为了支撑身体而发展出的板根构造，让银叶树一直是垦丁公园广受青睐的奇景。

球根植物是什么？

观音兰也是球根植物，利用球茎来繁殖。

“球根植物”是园艺界普遍使用的名词，泛指所有具有球状或块状地下部分的多年生草本植物。因此，球根植物实际上包含了具有球茎、块茎、块根、鳞茎，以及肥大匍匐茎（如莲藕）等的植物，种类之多与变化之大，实在令人叹为观止。水仙花、百合花、朱顶红、石蒜、番红花、唐菖蒲、郁金香、观音兰等都是大家熟知的球根植物，它们的球根或大或小，或白或褐，构造、形体尽管不一样，但功能是相同的，那就是储藏大量的养分。

严格说起来，“球根”只是一个通称，并不只是植物的根，而是球形的地下根茎。有的是片片堆叠的鳞茎，有的则是整团整块的球茎，只要用刀片切开，就可以看清其构造了。

球根植物的地上部分（茎、叶、花果等），通常都只有一年的寿命。它们往往在初春时冒出来，冬季时凋零，只留下球根在地下休眠，这样便可大大降低寒害，度过冬天。如此周而复始，球根也会逐渐生长。不过，生命是有限的，不管是哪一种球根，长到一定程度后就不会再长了，而由新发出的球根来取代它的功能，老球根则逐渐萎缩干瘪，然后完全消失。

球根是多年生草本植物度过寒冬的法宝，这些植物是不是很聪明呢！

番红花是典型的球根植物，只要仔细栽培照顾，开出来的花朵会让人惊艳。

植物的茎有哪些形状？

某些种类的仙人掌的茎是多棱形的，退化的针状叶或花朵就开在突起的棱脊上，十分有趣。（左图）

蟹爪兰的茎是扁平形的，好像蟹螯一般，难怪会有此名。（右图）

植物的茎或树干是很容易观察的器官，你曾特意注意过它们有哪些形状吗？

植物茎最常见的形状是圆筒形，有时可见到四方形（比如一串红、罗勒等）、三角形（如藺草、莎草等）、六角形（六角柱仙人掌）等，少数呈圆球形（球形仙人掌）、多棱形（柱状仙人掌的某些种类）、扁平形（昙花、蟹爪兰等）、叶状（如假叶树、文竹等）、翼状等，形形色色，让人深感好奇。

大部分的茎是凌空的，但有些植物的茎则是依附在墙壁或树干上生长，这种茎往往具有背、腹面之分，也蛮有趣的！

假叶树的叶状茎十分别致，上头开着小花，好像花儿直接长在叶片上，实在很特别。

什么是变态茎？

我们常常可以在各类植物书上看到“变态茎”这个名词，究竟变态茎有哪些，读者们知道吗？

植物为了适应各种不同的生长环境，要在茎部做出多样性的变化，例如葡萄的卷须就是茎的变态，称为“茎卷须”；仙人掌肥大的变态茎称为“肉质茎”；昙花的变态茎称为“叶状茎”；石榴、皂荚茎部又长又尖又硬的刺称为“茎针”；山药和百合叶腋上的“珠芽”也是一种变态茎；莲花、竹子等的地下茎也是变态茎的一种；荸荠的球茎和马铃薯的块茎、洋葱的鳞茎等，也都是变态茎；草莓和虎耳草的走茎、爬山虎的爬生茎和三角梅的藤蔓也同样是变态茎……由此看来，变态茎还真是形形色色，越看越有趣哩！

山药着生于叶腋的珠芽是茎的变态，若将它栽种于泥土中，也能萌发新株。

能够飞檐走壁的爬山虎靠的就是它的爬生茎，这也是一种变态茎，末端变成吸盘状，可以牢牢吸附在其他物体的表面，借以攀升爬高。

虎耳草的走茎也是一种变态茎，走茎触地即能生根，另发新株。

草莓的走茎也是一种变态茎，能四处蔓生、繁衍。

芽是什么？

“芽”是一个很普通的植物名词，你能清楚地说出它所代表的意义吗？

植物种子的萌发，我们通常称为“发芽”，这里的“芽”字含义比较笼统，指的是种子的子叶和胚轴突破种皮的情况，每一种会产生种子的植物都有发芽的特性，所以没有什么好讨论的。

本篇所说的“芽”指的是已经成长的植物体上的芽，包括“花芽”和“叶芽”两种。它们一般都分别发育，花芽通常比较圆而大，叶芽则较尖较小，只要仔细地观察比较，就可以轻易辨认了。花芽将来发育成花蕾，再开出花儿；叶芽则发育成枝条和叶片，读者们注意过没有？

一般来说，在初春开花的植物，如樱花、柳树等，它们的花芽和叶芽差不多同时发育，而且同时进入冬眠，等气温回升之后再同时或稍有先后地萌发；在夏季乃至冬季开花的植物情形就不一样了，它们的叶芽往往先行萌发，让枝叶先繁茂起来，以便制造大量的养分供将来开花结果之用。

芽是植物生命力的展现，新移植的花草或天灾过后的树木等植物的分枝上要是有新芽产生，就表示它们能继续存活下去。新芽经常让爱种花莳草的人雀跃欢喜，就是这个道理。

春天一来，柳树就迫不及待地冒出新芽，覆有茸毛的新芽装点在临风款摆的枝条上，充满生机。

红楠的新芽带着喜气洋洋的红，甚为醒目，状如红烧猪脚，因此又被称为“猪脚楠”。

光秃秃的枝丫上，苹果、梨树的接枝上冒出新芽，宣告春天的来临。

为什么会有年轮？

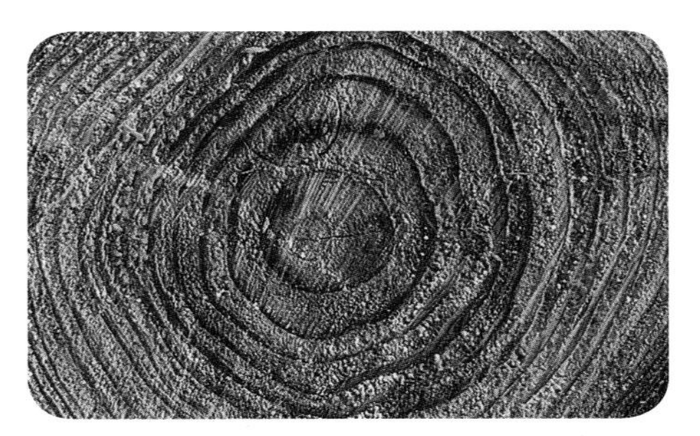
台湾冷杉的年轮可以透露它存活的年岁，有经验的人甚至可以从年轮排列的疏密判断出该树生长的环境。

红桧的生长速度极慢，因此它的年轮纹路十分细密，你数得出它到底几岁吗？

大家都知道年轮是鉴别植物年龄最可靠的依据，可是年轮是怎么形成的？每一种树都有年轮吗？

年轮并不是一种明显的条纹，而是因为细胞的大小及颜色差异造成的层次感。树木在春天的时候，由于生长条件适合，分裂出来的细胞较大，颜色则较浅；可是当秋季来临，气温降低，分裂出来的细胞自然较小，颜色也较深。就这样，春秋两季所生出来的木材细胞，由于大小及颜色上的差异，就变成了类似环纹的“年轮”。

热带地区的树木，由于生长在四季气温都差不多的环境里，分裂出来的木材细胞很少有差异，自然也就没有清楚的年轮了。

经过风吹雨打以及岁月的洗礼，曝露于外的年轮会慢慢崩解。

皮孔是什么？

如果我们仔细观察植物的茎干或分枝，常常可以看到某些树木的茎干上具有许多点状或短线状的孔洞，好像长了麻子一般，模样蛮特别的。究竟那些孔洞是什么呢？哪些植物有这样的构造？孔洞有何用途？

孔洞在植物学上称为“皮孔”或“皮目”，是一种通气的构造，可以帮助植物做气体交换。孔洞普遍存在于桑科、夹竹桃科、蔷薇科、豆科等植物家族中，而且从幼嫩期的枝条就开始产生皮孔，直到枝干老成了都还存在，显然是植物相当重要的部分。

不具皮孔的植物茎干，可能以树皮有小隙裂或气孔密布叶面等方式来进行气体交换，并不是不呼吸，这一点一定要明白。

山樱花茎干上短线状的孔洞是可以做气体交换的皮孔。

淡黑褐色的树皮上点缀着斑驳的短线形皮孔，使糖胶树更具特色。

哪些植物有鳞茎？

鳞茎是一种构造很特别的茎，它通常长在地面下，不过有些百合类植物会在茎上的叶腋处长出珠芽，珠芽虽小，却也呈多片鳞叶合抱的形状，所以也算是一种鳞茎。

具有鳞茎的植物相当多，除了百合花，大家比较熟悉的还有朱顶红、石蒜、水仙花、风信子、葱、蒜、韭、洋葱、葱兰等。这类植物都很可爱，成排或成片种植时，景致都相当迷人。

鳞茎都是由一片片肥厚的鳞叶组合而成，每一片鳞叶差不多都可拿来繁殖，所以想大量而快速地培育上述这些植物的幼苗，利用鳞叶来种植是最好的方法。

百合的鳞茎剥开后呈瓣状，可以用来炒菜、煮汤，具有清甜的口感，相当受欢迎。

做菜常用的蒜头即是大蒜鳞茎聚合起来的蒜球，无论生食、卤炖、腌渍或做佐料都适合。

卷须是怎么来的？

许多瓜类和藤本植物都具有卷须，以便缠绕他物，借以向上攀爬。卷须究竟是怎么长出来的，它们属于植物的哪一个器官呢？

植物的卷须主要为茎的变态，像葡萄、百香果、瓜类植物等；另外，少数植物的卷须如豌豆、野豌豆等，则为叶子的变态。茎变态而成的卷须称为茎卷须，它们通常生长在节上，与叶子相对而生，可以看成是一种特别的分枝，一般比较强韧。叶变态而成的卷须称为叶卷须，它们通常生长在羽状复叶的末端，可以看成是一种特别的小叶，一般比较柔弱。卷须究竟是向左缠绕，还是向右缠绕？每一种卷须都有相同的缠卷方向吗？请大家自己去观察。

三角叶西番莲螺旋状的卷须由茎特化而成，只要缠绕住物体就可攀爬蔓延，扩张势力。

野豌豆利用叶子特化而成的卷须爬高，扩充自己的生活地盘。

菝葜叶柄上的两条卷须是托叶变形而成的，可以紧紧抓住其他植物，以便争取吸收阳光进行光合作用的机会。

植物身上的毛都一样吗?

仔细观察各种植物，大家一定可以发现，有许多种类是长着茸毛的。那茸毛有的长在嫩茎叶上，有的长在花蕾、花梗或花萼上，有的甚至全株都长，以便让各部位都能得到周密的保护，尤其是幼嫩的部分。许多生长在高山、极地或温、寒带地区的植物，也必须靠茸毛来御寒。茸毛对植物来说，就像我们的衣服和动物的皮毛一样，有保暖和防止虫害、机械性伤害等功用。

不同植物体上的茸毛，其外形和构造都一样吗?当然不是。如果我们用放大镜或显微镜详加观察，便可以发现有些茸毛又长又软，有些又粗又硬，有些会分泌黏液，有些会分节，有些则呈星状……总之，茸毛的长短、粗细、软硬、外形、密度甚至颜色等都不一样，放大来看，洋洋洒洒，名堂多得很呢!

读者们观察植物时，可以使用 15 倍以上的放大镜，保证会有意想不到的收获!

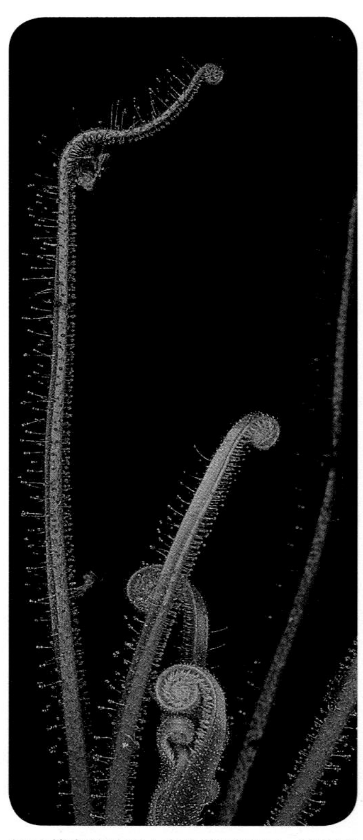

长叶茅膏菜叶子上有密集的腺毛，能分泌黏液黏住不小心自投罗网的昆虫。

毛西番莲的茎、叶与苞片上有细密的腺毛，多多少少可以保护自己免受昆虫或其他动物伤害。

金毛狗蕨利用又长又细的金色茸毛来保护细嫩的幼叶，以免幼叶受到伤害。

每一种植物的刺都一样吗？

刺和毛一样都可以防止动物的攀折、啃食等伤害，我们知道，许多植物的茎、叶甚至果实上都长了许多锐刺，它们看起来尖尖的、硬硬的，除了外形长短、粗细不一之外，来源是不是相同呢？

答案是否定的。植物身上的刺有的来自于表皮组织，有的则来自皮层，甚至更内部的组织，还有的是由叶脉或小分枝演变而来。一般而言，来自表皮组织的刺都比较粗短，例如玫瑰茎上的刺；从皮层内部长出来的刺通常比较细，也比较硬，对人类或其他动物的“杀伤力”也较大，例如鲁花树、柚子等的刺；叶脉演变成的刺则往往长在叶缘，而且数量很多，例如蓟类植物的刺。

至于仙人掌类的刺，则是由叶片退化而成，有的短小如细针，有的长、尖而坚硬；这些刺是适应环境（沙漠或极端干燥的旱地）的结果，叶片尽量变小变细之后，才能防止体内水分的过度流失；另一方面，这些刺几乎都是不好惹的“自卫武器”，读者们可不要自讨苦吃。

仙人掌的刺由叶片退化而成，不但可以减少水分的蒸发，也可作为防身的武器。

许多爱花人都知道玫瑰多刺，它茎上的刺来自表皮组织，比较粗短。

印度茄浑身利刺，不但茎上有刺，连叶脉上也布满了刺，充分宣示“人畜勿近”的信息。

植物都有叶子吗？

叶子是植物重要的营养器官，因为进行光合作用的绿色工厂——叶绿素主要存在于叶片中，没有叶子，植物几乎就等于丧失了光合作用的能力，很难继续生存下去。然而，植物界就是那么千奇百怪，硬是有许多植物根本就"片叶不留"，却仍然能够活得好好的，它们究竟是何方神圣呢？

读者们也许很快就能想到，仙人掌是没有叶子的，它靠肥大的绿茎来进行光合作用，所以没有叶子照样能够生活下去。除此之外，还有哪些不具有叶子的植物？

低等植物如地衣、藻类等，固然是无叶植物的代表，但是在会开花的高等植物里头，也有缺乏叶子的种类。

寄生的蛇菰、野菰、水晶兰（属于间接寄生）、菟丝子、无根藤，原始植物如松叶蕨、木贼，一片绿叶也找不到；而常见的芦笋、文竹、武竹、木麻黄等，叶子也通通退化了，必须靠叶状小分枝来进行光合作用，这真是有趣的现象！

穗花蛇菰没有正常的叶子，无法进行光合作用，只好寄人篱下，寄生在壳斗科植物根部，以获得生存所需的养分。

水晶兰也没有绿色的叶子，靠与其他真菌共生来获得养分。

叶子都是绿色的吗？

许多植物的叶子在冬天来临前，会先变成黄色或红色，然后才一一脱落，这种先老化再变色的现象，读者们都知道，因此不在这里讨论。请大家再想想看，有哪些树的叶子在老化之前就已经是红色、黄色或其他非绿色的色彩？这些非绿色的树叶是怎么形成的呢？

大部分植物的叶子之所以呈现绿色，是因为叶肉内有叶绿素的缘故；除了叶绿素之外，叶子里还有叶黄素、胡萝卜素，这些色素如果比叶绿素等色素多，叶子就会呈现黄、红、紫、橙等色彩。各种变叶木、彩叶草、彩叶芋等观叶植物，以及枫香、樟树类、爱玉子、红椿、菩提树等植物的嫩叶都不是绿色的，就是这个道理。

那么，这些非绿色的植物也能进行光合作用吗？为什么它们还能欣欣向荣，长得又壮又好呢？

彩叶草因叶色缤纷多彩而成为花圃中受人瞩目的景致之一。

其实，尽管在这些植物的叶肉中充满着各种色素，但是最基本的叶绿素还是存在的；虽然可能因叶绿素的含量不多而影响到光合作用的效率，但是由于植物本身的消耗量也不大，例如它开的花很小，结果率也很低，所以茎叶自然还是可以昂然硬挺的。

菩提树的嫩叶常呈紫红色，带着长尾巴的菱形新叶仿佛一尾尾悠游海中的魟鱼。

在湛蓝天空的映衬之下，红椿的红色新叶更显柔美。

如何描述叶子的形状？

琼崖海棠椭圆形的叶子叶缘光滑完整，没有分裂。

构树幼树的叶子常裂得很深，长大后所长的叶子裂片分裂较浅甚至不分裂。

叶子的形状是描绘植物特征时不可忽略的，每一片叶子该叫什么形状，在植物学上都必须加以定义和说明。可是，植物的种类繁多，叶子的形状千变万化，不但有单叶，还有复叶、裂叶等，如何为它们的外形做出明确的描述呢？

先从单叶来说。如果叶片边缘没有锯齿或缺裂，那么直接说出形状就可以；如果有深锯齿或缺裂，那么先说出轮廓的形状，再描绘缺裂的情形；要是叶子的前端或基部很特别，那么必须再将这两个部位的特征加以说明。

再谈谈复叶。不论羽状复叶或掌状复叶，都先说出羽片及小叶的数量，然后再就小叶的形状加以描述，便一清二楚了。

叶形相同的植物就是亲戚吗？

杨桐与榕树的叶子近似，却不是榕树类的成员，而是山茶科家族的一员。我们从花朵的样子就可以分辨其异同，杨桐没有榕树那样的隐花果。

石柑子的叶形好似柑橘的单身复叶，却与柑橘没有血缘关系，它是天南星科的成员。

在野外、校园或公园等地，我们时常可以看到叶子形状十分接近的植物，它们之间是亲戚，还是彼此并没有血缘关系？

答案应该是不一定，因为叶形相近并不代表它们有血缘关系。植物的根、茎和叶子是会随着环境改变外形的，不同的植物在相同的环境下生长，经过长时期的演化之后，就可能演变出相近的叶形；相对地，相同的植物在不同的环境下生长，则可能演化出形状、厚薄和大小都不一样的叶子。所以说，想辨识植物是不是具有亲戚关系，绝不能靠叶形来判定，必须看花形、花蕊的数目及排列情形等，才能加以判断，这一点请读者们务必牢记。

石菖蒲的叶子像禾草，却不是禾草类的植物，而是天南星科的成员，与常见的海芋是亲戚。

什么是十字叶和母子叶？

如果你曾经好好观察各种植物的叶子，一定可以发现，每一种植物的叶子形状几乎都不一样，有的是椭圆形，有的是卵形，有的是线形、箭形、心形或带状，总之，植物的叶形真是多种多样，叫人眼花缭乱。

尽管叶子的形态多，但是只要我们稍用点心，还是可以归纳出哪些叶形较常见，哪些较少见。根据统计，卵形和椭圆形是最常见的，线形和箭形等是较少见的。虽然少见，但并不稀奇，十字形叶和分成上下两片的母子叶，才是植物界的“稀世之珍”呢！

十字形叶出现在十字叶蒲瓜树上，不过它的十字形叶是三出复叶加上带翼的总叶柄，并不是单叶，这种树在台湾大学校园里有一棵；母子叶出现在某一种变叶木上，各地校园或公园里偶尔有栽培。找机会好好去欣赏一下吧！另外，常见的柚子叶由大、小两部分组成，称为“单身复叶”，你知道吗？

柚子的叶片由大、小两部分组成，我们常称这种叶子为“单身复叶”。

这种变叶木的叶形很奇特，叶片顶端又长出一片小叶子，好像母子手牵手一般，我们称这种叶形为“母子叶”。

一棵树，两种枝叶？

经常喜欢在山区里抬头看树的朋友也许会有这样的经验：怎么某些树的枝丫上会有完全不同的枝叶呢？它们并不是其他藤本植物的枝叶呀，因为根本找不到藤蔓的影子嘛！那么，这究竟是怎么回事呢？

是寄生植物在作怪。它们牢牢地吸附住寄主树木的枝干，以寄生根深入到寄主树木的表皮里面，不劳而获地攫取营养，让自己壮大并开花结果。这些寄生植物往往是多年生的灌木，所以寄主树木一旦被寄生，就得常年忍受痛苦的煎熬！

上述寄生植物中较常见的有桑寄生、桧寄生、槲寄生、柿寄生等。下次到野外时，不妨多加留意，说不定很快就能遇见它们！

寄生植物借着攫取大叶楠的养分而显得欣欣向荣、绿意盎然，使大叶楠像长了两种枝叶一般。

桑寄生住在宿主身上，枝叶繁茂，颇有喧宾夺主之势。

仙人掌都没有叶子吗？

白花品种的木麒麟有宽阔的叶片，说它是仙人掌还颇令人诧异呢！不过，它真的是不折不扣的仙人掌家族成员。

仙人掌是人人熟知的肉质植物，它们绝大多数都有肥大的茎，并有尖尖的刺。刺就是变态的叶，主要是为了防止水分过度蒸发，其次则是自卫。

在大多数人的印象里，仙人掌类植物是没有叶子的，可是凡事都有例外，仙人掌也是如此。就在成员众多的仙人掌家族中，出现了极少数的特殊分子，具有宽宽扁扁的叶子，并有能够攀爬蔓生的茎，植物学上称之为木麒麟。这类特异的仙人掌植物原产于热带美洲，20世纪初期才引进台湾，也有人叫它叶仙人掌。它是很好的荫棚及绿篱植物，平时观叶、乘凉，花期时，还可欣赏白色、桃红色或紫红色的花群，真是太奇妙、太有趣了。

玫瑰麒麟的叶片没有退化成针状，而是宽阔的长椭圆状披针形，这在仙人掌家族中是很特别的。

针叶树或常绿树都不会落叶吗？

绝大多数的针叶树都是常绿性的，它们终年翠绿如一，好像永远不会换新装似的，难道它们的枝叶都不会老化吗？老叶子也都不会脱落吗？

松、杉、柏等针叶树的枝叶当然都会老化，而且老化的叶子也会掉落。不同的是，针叶树的叶子都是逐渐慢慢老化的，老叶也稀稀疏疏地慢慢脱落，这种慢条斯理的老化和脱落现象，跟庞大的绿色树冠比起来，自然是不显眼的、容易被忽略的。

常绿的阔叶树也跟松、杉、柏一样，以慢步调的方式让老叶在不知不觉中逐渐更新，像榕树、橡树、龙眼等就是这样。常绿树在冬季里仍然保有多数的叶子，难道不会冻伤？不会的，它们老早有了万全的准备，叶子有角质层或茸毛等来保护，哪会怕那霜雪寒气呢！读者们可以自行观察看看。

榕树虽是常绿树，为了更有效地进行光合作用，也会慢慢地逐步褪去老化的黄叶，换上新叶。

松树虽然号称常青树，但是叶片也会老化掉落。

落叶树都在冬季落叶吗？

菩提树选在初夏落叶，进行树叶更新的工作，接下来就是欣赏它粉红嫩叶的好时机。

全株老叶会定期在短期内落光的树，我们称为落叶树。它们落叶的时间都在冬天吗？你们是否曾经观察过？有没有做过记录？

大部分落叶树都在寒冬来临前脱去老叶，以便减少暴露在空气中的面积，让自己免受太多的寒冷侵害。这种现象与道理是许多人所熟知的。可是另有一些生长在热带或亚热带的树，它们落叶并不是为了御害，纯粹是换新衣而已，所以并不在冬季落叶。比如菩提树在初夏落叶，水黄皮在初秋落叶，雀榕则在一年里头换两至四次新衣……这种不在冬季落叶的现象还真有趣，下次再遇到时，不妨为它们拍照存证并做个记录吧！

水黄皮的叶子在初秋时会变黄，让人们欣赏一下它的黄叶后，才开始落叶。

植物为什么要落叶？

落叶现象是秋冬季极为常见的自然景观，而在春夏两季里，我们也可以看到零星的落叶。植物在落叶之后，往往变得亮丽可爱，因为它们会换上新衣，显出神采奕奕的模样，叫人看了也跟着打起精神。

难道植物的落叶现象就只为了换新衣？当然不是，落叶是为了生理上的需要，它有两个主要目的：

第一，落叶可以减少水分的蒸发及寒气加诸植物体的伤害。冬季里既干燥又寒冷，叶子大量脱落后，只剩下树枝，而树枝上气孔很少，面积也比扁平的叶子小得多，因此可以避寒并减少伤害。

第二，落叶是老化更新的自然现象。老叶落下后，新叶长出，光合作用更加旺盛，对植物体当然更有利了。

栓皮栎树叶枯黄、凋落后，堆积在土地上，看起来虽然萧索，但在几阵雨后，落叶化作护花的春泥，可以使大地更具生机。

落叶可以减少水分的蒸发并避免严寒侵害，许多落叶树利用这样的方式过冬，好让自己在来年更有活力。

落叶会变成什么？

你可曾想过，植物的老叶子飘落地面以后，究竟会变成什么？聪明的读者一定会想到：落叶归根嘛，掉在地上的叶子当然会变成土！

的确不错，落叶最后会变成腐殖土。但是如何演变，大家知道吗？

落叶到达地面后，在雨水和各种土壤微生物的双重作用下会软化和腐烂，生活在土壤中的昆虫和蚯蚓等，会拿它们当食物；真菌类、苔藓类、蕨类、林下植物及高大的树木，也会加以吸收利用，使它们成为生长需要的有机养料。因此，落叶可以增加土壤肥力，并供养许多生物，实在是维持生态平衡的一大功臣。

落叶终将归根，化作腐殖质，提供各种生物生存所需的养分。但如果是在水泥路面上，资源的循环就无法形成。

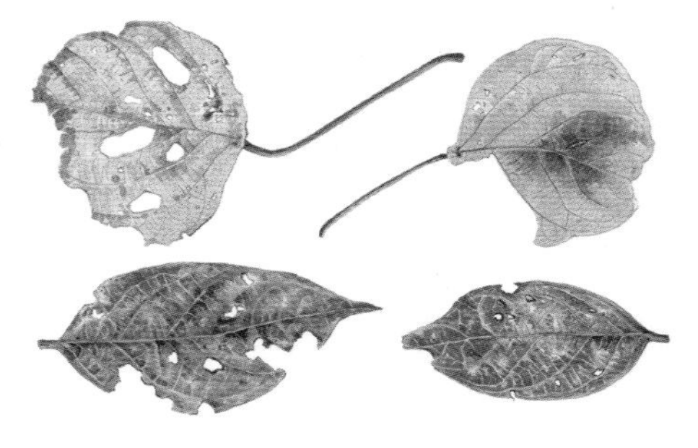

即使是一片萎黄的落叶，只要仔细观察，从斑驳的食痕、缺刻、叶脉也能发现另一种美感。

草地上堆积的落叶在雨水的浸润与土壤微生物的作用下，将慢慢化作腐殖质。

植物都会开花吗？

漂亮的花朵是人人喜欢的，花来自植物，但是，每一种植物都会开花吗？

大家都知道花朵凋谢后会结出果实，果实里头多半有种子，所以说，会开花的植物，都可以用种子来繁殖。可是，孢子也是一种常见的繁殖器官，它来自哪些植物呢？

孢子来自蕨类、苔藓类、藻类、菌类等低等的植物，这些植物因为不会开花，不能结出果实和种子，所以才以较细小、构造也较简单的孢子来繁殖后代。

万年青等许多观叶的高等植物，虽然很少开花，但它们只是因环境改变，或开花周期较长而不常开花而已，并非不会开花。

蕨类植物不会开花，无法结出果实和种子，它们以孢子传宗接代。

苔藓类植物和蕨类植物一样，不以开花结果的方式繁殖后代，它们也是用孢子繁殖。

为什么花朵会有许多颜色？

红、橙、黄、绿、蓝、靛、紫、白、黑，双色、多色等自然界中能够看见的单一色彩和组合色彩，几乎都可以在花朵上找到，因此花儿令人着迷，令人爱恋。为什么花朵会有那么丰富的颜色呢？

秋葵用醒目的浓黄色花瓣，为自己博得许多赞美的眼光。

柔美的桃红、洁白无瑕的嫩白、明亮照人的艳黄……马齿牡丹因有许多颜色而成为花坛的宠儿。

原来花瓣里头躲着两只“变色龙”，那就是花青素和胡萝卜素。这两种色素对温度及酸碱度都很敏感，而每一种植物或同一株植物的不同部位，其酸碱度时时刻刻都在变化，难怪花瓣的色彩会那么繁复，那么善变。

根据这个原理，我们只要利用碱性的肥皂水或稀释的氢氧化钠溶液，以及酸性的稀盐酸或稀硫酸溶液，就可以将红色花和蓝色花（例如牵牛花）变来变去，有空不妨实验一下。

三色堇个子虽小，模样却是缤纷多彩，有的像可爱的猫脸，有的像嬉笑的小丑，有的像翩翩起舞的花蝴蝶……它们常是春天花园中最受欢迎的小精灵。

花萼、花瓣和花蕊有什么关系？

一朵完整的花都具有花萼、花瓣和花蕊三个部分，花萼在最外层，花瓣位于中间层，花蕊则位于最里层。这三个部分共同构成花，它们之间有什么样的关系，读者们说得出来吗？

在花朵的前身——花蕾期时，花萼紧紧地将花瓣和花蕊保护起来，不让风雨或其他外力伤害到尚未成熟的花蕊；当花朵绽放后，花瓣以色彩来引诱昆虫或其他动物，希望它们飞来传粉做媒；花蕊则负责孕育植物的下一代。植物学家的研究发现，花萼、花瓣和花蕊其实都是叶子变形而成的，所以它们可以互变，花萼有时呈花瓣状；而重瓣花往往缺乏花蕊或只有少数花蕊，就是这个道理。

完全重瓣的山茶花雄蕊都化成花瓣，因此整朵花已经全是花瓣，看不见雄蕊了。

单瓣的山茶花里可以看到许多雄蕊附着于花瓣基部，更添华丽之感。

这朵山茶花的部分雄蕊已经变成了带有褶皱的花瓣，使花朵更显雍容华贵。

花蕊上的粉末是什么？

艳红百合雄蕊的花药上也有明显的粉末，那粉末即是花粉。

花朵是植物最重要的生殖器官，它们由花瓣、花萼和花蕊组成，花蕊分为雌蕊和雄蕊，雌蕊的末端称为柱头，雄蕊的末端则称为花药。

如果我们用肉眼观察较大型的花朵如百合花、朱顶红等，一定可以发现花药和柱头上都充满了粉末，你知道那粉末究竟是什么吗？

答案是花粉。花粉在花药的花粉囊内形成，等它们成熟后，所有花粉囊就会自动裂开，于是花粉就布满了整个花药，随时等待昆虫或其他媒介来帮忙散布；至于柱头嘛，它天生就有黏液，让它能将飞过来或昆虫等带过来的花粉黏住，以便完成受精过程，使果实和种子得以顺利发育。多有趣的现象呵！

朱槿的雄蕊数目极多，瞧，在雄蕊的花药上可以看到黄色的花粉正伺机而动准备传播出去。

金凤花有细长的雄蕊，常多朵花一齐开放，犹如群蝶飞舞于绿叶之间。

雌蕊的数目有多少？

雌蕊是花朵蕴藏幼小种子的地方，由下而上分成子房、花柱和柱头三部分。没有雌蕊，将来就没法结果，当然也不会有种子，所以雌蕊应该是花朵最重要的部分。

雌蕊的数目通常单一，但是单性花中的雄花或装饰用的中性花不具有雌蕊。另外，比较原始的木兰科植物，例如玉兰花、含笑花以及牡丹科的植物等，则单一雌蕊具有多数心皮。

单雌蕊的花只能结出单一的果实，但多心皮的花光是一朵花就可结出一堆小果实。有一种称为五味子的植物，它的花不但有多数心皮，而且雌蕊在结果的过程中，原本着生心皮的短轴会延伸拉长，因而一堆果实变成了一串果实。一朵花结一串果，真是太奇妙了！

含笑花具有多数的雌蕊和雄蕊，绿色部分是它的雌蕊。

五味子的花也具有多数雌蕊，在结果过程中着生雌蕊的短轴会拉长，使果实结成一串。

雌蕊如何捕捉花粉？

植物的花蕊分成雌蕊和雄蕊两部分，雄蕊产生花粉，雌蕊的顶端则演变成各种特殊的构造，以便让花粉能够顺利地停下来，完成受精。

雌蕊的顶端称为柱头，柱头有的呈棒状，有的呈头状，有的呈分裂状，有的呈羽毛状，形状不一而足，但大都有一个共同的特征，就是能分泌黏液，或者长有许多细毛。黏液负责沾黏花粉，细毛负责阻挡花粉，使被风吹得到处飞散的花粉不至于找不到归宿。

同一朵花的花粉当然有可能掉落在自己的柱头上，但通常不起作用，也不会萌发。雌蕊捕捉到的花粉必须是同种植物其他花朵或其他植株的花粉，才会产生作用。植物在开花的时候，经由种种媒介，雄蕊中的花粉会被带到雌蕊的柱头上（授粉）；接着花粉产生花粉管，一直穿过长长的花柱，到达子房的胚珠上，花粉中的精细胞经由花粉管这条通道，便可跟胚珠里的卵细胞结合（受精），再逐渐发育成种子，而原先的子房就整个膨大成果实了。

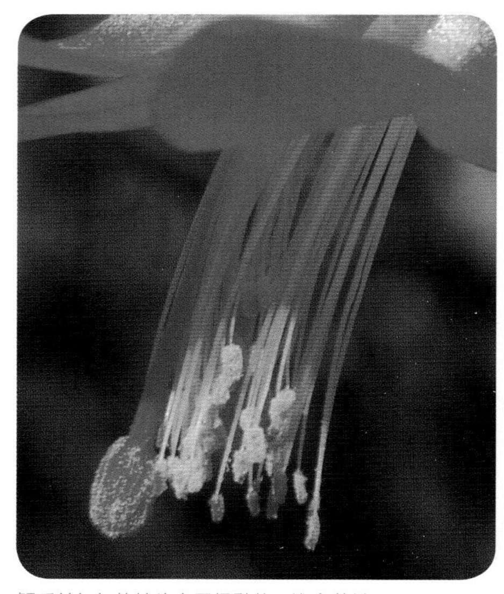

蟹爪兰红红的柱头上已经黏住了许多花粉，正准备进行受精作用。

令箭荷花的柱头多分叉，又有黏液，可以捕捉许多花粉。

雄蕊的数目有多少？

雄蕊是植物产生花粉的场所，位于花瓣的内侧，由花丝和顶端的花药构成。

观察不同植物的花，我们可以发现雄蕊的数目有明显的差异，从零到好几百都有，真是有趣。不具雄蕊的花有两种情形：一是点缀用的中性花，例如天竺葵；一是雌雄异花植物中的雌花，例如木瓜雌花、西瓜雌花等。

只有 1 枚雄蕊的花最常见的是杧果和野姜花；2 枚雄蕊的花有桂花、女贞及其同类；3 枚雄蕊的花有某些单子叶植物如水竹叶；4 至 10 枚雄蕊的花相当常见；20 至 40 枚的也不少，但超过 100 枚的就不多了。目前已知雄蕊数目最多的花大概是仙人掌科的霸王花及火龙果等，其雄蕊的数目均高达五六百枚以上，而生长在垦丁海边的棋盘脚树（玉蕊），也约有 450 枚左右；另外，牡丹花的雄蕊也有几百枚，在它们开花时如果闲着无聊，不妨找一朵数数看。

野姜花只有1枚雄蕊。

霸王花的雄蕊多得数不清。

朱槿的雄蕊很多，合生在一起成筒状，我们通常称这种类型的雄蕊为“单体雄蕊”。

花会不会开在叶子上？

花是人人都喜爱的东西，更是鉴别各种植物最主要的依据。在读者们的脑海里，少说也装了几十种花的影像吧！大家不妨想想看，有没有开在叶子上的花？如果有，那你究竟在哪儿见过呢？

植物世界可以说无奇不有，自然不缺把花儿开在叶子上的植物。在台湾就有这样的植物，它的名字叫台湾青荚叶。这种小树喜欢生长在阴凉潮湿的森林中，台湾溪头和东埔山区都可以找到。它的花小小的，绿绿的，开在叶片的主叶脉（中肋）上。花儿凋谢不久即结出紫黑色的果实，不明就里的，还以为是鸟粪或虫屎黏在叶片上呢，真是有趣。

其实仔细思考，花开在叶子上并没什么问题。因为花着生的部位是叶脉，叶脉就是茎和叶柄的延伸，所以开在叶脉上也就等于开在茎或小枝上，并非不可思议。

台湾青荚叶的果实是紫黑色的，犹如镶在叶片上一样精巧可爱。

台湾青荚叶的花很小，呈淡绿色，开在叶片的主脉上，仿佛从叶片间直接长出花朵一样。

高山上的花特别美吗？

如果读者们有机会到台湾合欢山、玉山等地去登高健行，一定会发现高山上的野花好像比平地要漂亮得多。这是为什么呢？大家说得上来吗？

高山沙参有硕大艳丽的花朵，一朵朵迎风招展，好似一个个晶莹剔透的风铃。

玉山山萝卜虽名为萝卜，但与我们常吃的萝卜不同类，它有又大又美的淡紫色或蓝紫色头状花，常令人眼睛一亮。

玉山佛甲草花色明艳，仿佛一颗颗耀眼的星星，是盛夏高山上绝美的风景。

高山地区的空气比较稀薄，因此阳光中的紫外线比平地上强得多，而紫外线会抑制植物的生长，使植物显得比较低矮；入夜以后，紫外线虽然消失了，但是气温很低，因此植物生长缓慢，加上高山上常有强烈的气流，也会抑制植物的生长。所以说，高山上的花草大多数是长不高的，因而花朵在比例上就显得突出、漂亮。

另外一个原因是，高山上的阳光强烈，花朵反射出来的光比较多，自然就让人觉得颜色鲜艳、多彩多姿了。

温带地区的花卉常跟高山植物一样，颜色也十分鲜艳。

哪些花儿在晚上绽放？

想想看，有哪些花儿在晚上开？昙花、夜来香、葫芦、棱角丝瓜、蛇瓜、月见草……嗯，还不算少嘛！

为什么昙花等花卉要在晚上绽放呢？白天有阳光照耀，不是更好吗？

白天开花有很多人欣赏，当然是很理想的，问题是，白天开花的植物太多了，许多昆虫根本忙不过来。要是有些花儿把绽放的时间挪到晚上，配合多数蛾类在夜间才出来活动的习性，那么花儿受粉结果的概率就会大大增加，这不是对大家都好的美事吗？

而且，夜间的杂音少，空气中也少有污染源，昙花等植物的香气较容易被蛾类等夜行昆虫闻到，更增加了被光顾授粉的机会。所以说，晚上开花的植物是聪明的，对不对？

要见到月见草盛放的模样得有耐心，因为它选在夜间开放，怪不得有“待宵草”之称。

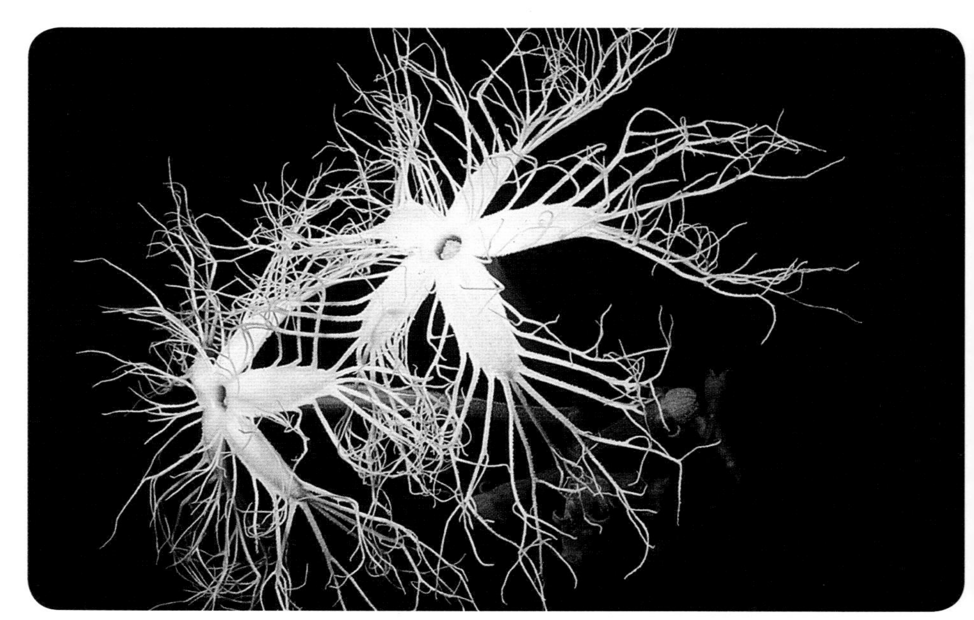

蛇瓜在夜间绽放，它的花瓣边缘有不规则的长丝状附属物，使整朵花像长了胡须似的，非常奇特。

昙花一现究竟有多久？

“昙花一现”是一句用来形容时间短暂的成语，可是这段时间究竟有多短，能够用确实的数字表达出来吗？

要测定昙花一现的时间长度，当然得实际观察才可以。很多人以为昙花必须等到晚上12点才会盛开，所以一定要熬夜才能加以观察计时。其实并不是如此，昙花通常在晚上8点多就逐渐绽放了，快一些的差不多9点多就已完全盛开，直到凌晨三四点的时候才慢慢闭合，其间大概有七八个钟头，怎么样，不算短吧！

除了昙花之外，还有不少夜间开放的花儿，它们开花的时间也许比昙花还短，读者们如果有兴趣的话，不妨去找寻看看。

昙花盛开后会在第二天清晨四五点的时候闭合、凋谢。

白色的花瓣组合成的漏斗状花朵，配上为数众多的雄蕊和前端有细长分叉的雌蕊，使昙花看起来高雅脱俗。它在晚间9至10点盛开。

植物都会结果吗？

种子是植物的繁殖器官，它们可以萌生成小苗，再茁壮成长为新的植物体。没有种子，是不是就没有新的植物体了呢？

种子存在于果实中，许多低等的植物如藻类、苔藓、蕨类等，在它们的生活史里，都没有结果的现象，所以没有种子。可是，它们都会产生孢子，孢子就好比是微小的种子，能萌发为另一种小植物体。这种小植物体再产生配子（精子和卵子），两个雌雄配子结合起来，就能发育为新植物体。

种子其实并不是植物唯一的繁殖器官，根、茎、叶也都可以用来传宗接代，所以植物会不会结果并不是最重要的；而原本会结果的种子植物，也可能因为人为杂交、光照不足、没有适当的授粉者、营养不良或其他生理疾病等，造成只开花不结果的现象，你注意过这种情形吗？

经过杂交育种的卡特兰不易结果，想要繁殖它的下一代得靠分株育苗等较复杂的技术。

红龙船花虽有漂亮的颜色与香甜的蜜汁可以吸引昆虫造访，但是很少结果，只能用扦插法繁殖。

蛇莓开黄花，结红果，与叶子呈黄、红、绿三色相互辉映，颇美。

成熟果实为什么常有鲜艳的色彩？

成熟的果实如苹果、桃、枇杷、木瓜等，外皮都有鲜艳的色彩；野生的植物果实如野草莓、五味子、冬青等，在成熟后也都有亮丽的外表。它们为什么要如此刻意地装扮自己呢?

这当然跟传播有关。有些植物的果实或种子不像槭树、蒲公英等有飞行装备，也不像椰子、银叶树等有漂浮装备，它们只好选择引诱的方式，以出色的果皮吸引鸟类、哺乳类甚至昆虫等动物前来取食，好让种子从动物的嘴边落下或从消化道中排出，从而达到传播的目的。有些果实除了漂亮的色彩外，还具有香、甜等味道，引诱动物取食及传播的效果就更明显了。

木瓜的果实由青涩的深绿色转为鲜艳的橙黄色，宣示着它已成熟，可以采摘啦！

成熟的水蜜桃颜色红得恰恰好，老远就能引人注意，也会引来鸟雀啄食。

朱砂根果实包裹着艳红色的外衣，是蓊郁的森林中亮丽的点缀。

果实有哪些类别？

果实是植物孕育下一代的场所，由于果实本身或散布方式的不同，果实也有多种不同的类别，以下就此加以说明。

果实可以大致分为两类，一是成熟后多汁多浆的肉果类，例如大部分的水果；一是成熟后不含汁液的干果类，如栗子、花生、核桃等。

肉果还可分成果汁多、种子也多的浆果（果肉中有一至多枚种子，外果皮只是一层薄薄的外皮，如葡萄、西红柿、木瓜）；内果皮变成硬核的核果（如桃、李、枣等）；多汁多浆，但成熟后外果皮常会变硬的瓜果（也叫瓠果，是瓜类果实的通称，也是一种特别的浆果，但由原先的花托组织形成了坚硬的结构，包围在外果皮的外层，如西瓜、南瓜、瓠瓜等）；果肉分成多瓣的柑果（柑橘类果实的通称，它是一种特殊的浆果，果皮实际上是由外果皮与中果皮合生而成的，有许多油腺，内果皮则厚而多汁，形成许多果瓣，内藏种子及肉囊，如橘子）；果肉由花托发育而成的梨果（如枇杷、苹果、梨）；以及由多数花朵共同结成的聚合果（如桑葚、菠萝）等。

鹤顶兰的果实是会开裂的蒴果，里面蕴藏了许多种子。

干果有果实成熟后两瓣裂的荚果（花生、红豆）；多瓣裂或孔裂的蒴果（如兰花、百合）；单侧开裂的蓇葖果（如夹竹桃）及不开裂的坚果（如栗子）等。多去观察和研究植物的果实，你会发现蛮有趣的哩！

浆果（番茄）　坚果（壳斗科果实）

荚果（四季豆）

柑果（橙子）

柑果（柠檬）

蒴果（台湾栾树）

梨果（苹果）

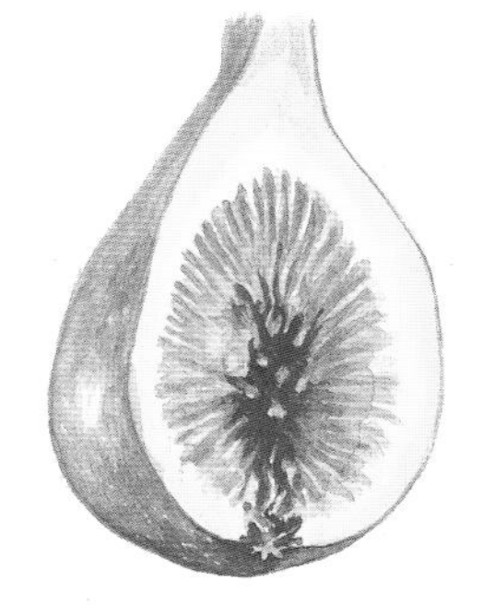

隐花果（无花果）

核果（桃）

瓜果（黄瓜）

果实都是甜的吗？

果实是植物的生殖器官之一，它们肩负着传宗接代的重大责任，所以在构造、颜色及味道上都得相当讲究。构造及颜色在这儿不谈，我们来讨论一下果实的味道。

大家都喜欢吃的水果类，当然都是植物的果实，它们绝大多数都是甜甜的，有时则有一点苦味或酸味。依此类推，是不是每一种植物的果实都有同样的味道呢？

木棉的种子带有轻飘飘的棉毛，借着风力就能远扬，果实不需要制造甜味来吸引动物。

答案自然是否定的。植物果实的种类千千万万，它们的味道大抵跟传播种子的方式有关。如果希望鸟类、哺乳类或其他动物来啃食，那么成熟的果肉就会带有甜味，以便动物吃了之后传播种子；如果全靠自己飞行散布，不需要动物来帮忙，那么就不见得会有甜甜的果肉了。

毛苦参的果实像一串串念珠，十分别致，它不需要动物帮忙传播种子，因此不具甜味。

果实内有多少种子？

每一种被子植物（就是种子由果实来保护的植物）的种子，都藏在它们的果实内，因此当我们吃各种水果时，都得忙着吐出埋在果肉中的种子。可是，好像每一种水果内的种子数目都不一样，究竟果实中的种子有没有固定的数量呢？

答案是否定的。即使是同一种植物的不同果实，里头的种子数量也不是固定的，特别是一些多汁的浆果类和干裂的蒴果类，种子数目不但多，而且会因受粉多寡而影响种子的数量。

在正常状态下，一个果实内的种子至少是一颗，例如桃子、李子、杧果等；多则成百成千，例如西瓜、木瓜及兰类植物等。像兰类植物的果实虽然不大，种子却多得像灰尘一样，所以一个果实里往往藏有几千粒种子哩！

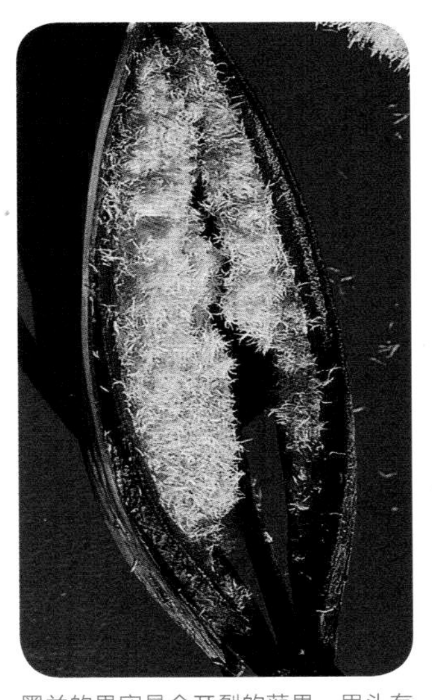

墨兰的果实是会开裂的蒴果，里头有细如沙尘般数不尽的种子。

樱桃的果实只有一颗种子，被仔细妥当地藏在硬壳里。

梅子丰厚的果肉里也和李子一样只有一颗种子。

假果是什么？

平常我们吃的水果如西瓜、杧果、香蕉、杨桃等，都是该种植物真正的果实，在植物学上称为真果；可是另外一类水果如枇杷、梨、苹果等，却不是真正的果实，植物学上称之为梨果、假果或伪果。

植物真正的果实是由花朵中的子房发育而成的，大部分的植物都具有这样的果实；可是枇杷、梨及苹果的花在凋谢之后，原本着生花瓣、花蕊的部位（花托）却迅速膨大，将子房包裹在中央，变成构造相当特殊的果实，假果之名就是这么来的。

大家在吃枇杷、梨及苹果的时候，不妨仔细观察一下，它们的种子都还有一层薄膜保护着，那就是原先的子房壁呢！

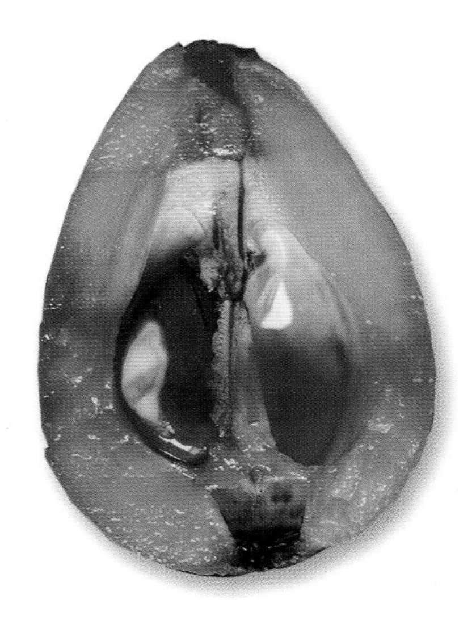

从枇杷的纵切面图上可见真果被包裹在内部，我们吃的果肉是由它的花托发育而成的。

梨和枇杷一样也是一种假果，种子就包在内部的真果之中。

是谁在传播种子呢？

植物的种子是孕育新生命的场所，它们必须到处散布，植物才能兴旺繁盛。但是植物不会跑、不会跳，它们如何将种子散播到各地去呢?

植物虽然不会移动身体，但是它们并不傻，自然界的风、雨、雪、水及各种动物都是它们委托的对象。很多植物的果实颜色鲜艳，滋味甜美，动物乐于取食或啃食，自然就会把种子带往四处；不少细小果实长有冠毛，风一吹就将它们带到远方；雨水、海水及雪水都会把植物的种子冲散，使它们有更宽广的立足空间。另外，不少植物的果皮长有钩刺或黏毛，它们能强行附着在动物皮毛或人的衣物上，自然就可达到散播的目的。

荷莲豆草的小花梗或果梗上有富有黏性的腺毛，会黏附在人畜身上，借以传播种子。瞧，小狗头上沾满了荷莲豆草的果实，是不是很有趣呢?

老鼠艻的果实聚成球形，只要风儿一起，圆滚滚的果球便能随风在沙滩上到处旅行。

老鼠艻靠着可以凭借风力旅行的果球在沙滩地上茁壮延展，通常形成一大片聚落。

果实和种子为什么常有飞行装备？

槭树的果实有翅膀，蒲公英的果实有降落伞（冠毛），松树的种子有翼……为什么许多植物的果实或种子天生就有“飞行装备”呢?

稍微思考一下，你一定马上可以想到：飞行装备是为了让植物的果实或种子传播得更远、更广。

让下一代往更宽广的地方去生根落脚，一方面可以获得较充裕的生长空间，摄取更多的营养；另一方面还可避免同类互相竞争，增加后代生存的机会，好处不少。相反地，果实或种子没有飞行装备的植物，就只好利用水流、黏毛、刺毛、钩毛或果皮裂开的弹力等方式，将子孙送到远处，不过效果可能差一些。

蒲公英纤细的瘦果上具有白色的冠毛，可以利用风力飘到任何不可预测的角落，让它们的族群无限扩大。

果实成熟了，一朵朵“降落伞”正蓄势待发，准备把果实运送到各地去拓展地盘。

松树的种子有薄膜状的翅膀，当松果成熟开裂后，便可乘风飘扬，远离母株，寻找适合生长的新天地。

榕树的果实内为什么有小虫？

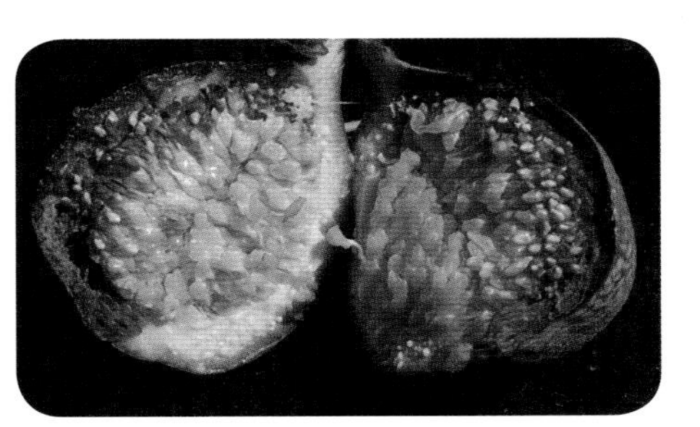

薜荔的“果实”是隐花果，是由许多果实组合而成的果序。切开薜荔的“果实”，可以看见里面有很多小果实。

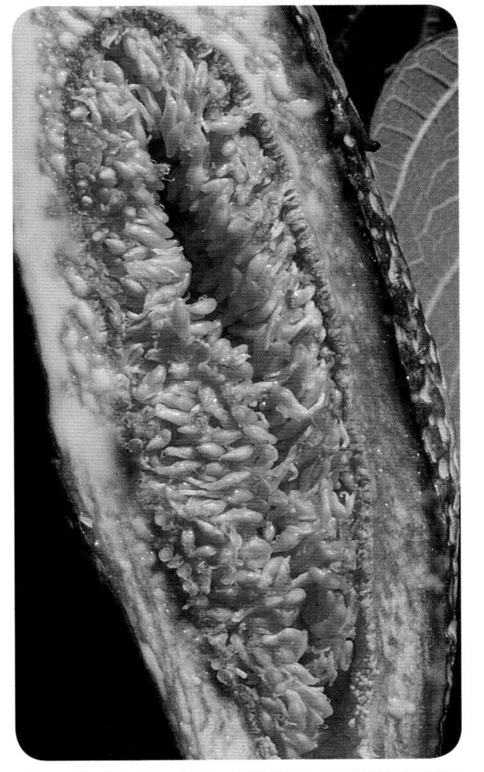

爱玉子的“果实”也是一种隐花果，它的纵切面里可以很清楚地看到一颗颗的小果实。

榕树是读者们最熟悉的树种之一，它往往在夏季开花结果，一个个小圆球生在枝叶间，有绿、有红，也有黑，引来了野鸟无数，也让为鸟拍照的人忙得不亦乐乎。

小圆球严格说来并不是榕树的果实，而是榕树的花序或果序，真正的小花开在里面，小果儿自然也结在里面。小花还可分成三种，一种是雄花，另外两种是雌花和虫瘿花。不过虫瘿花的子房是空的，为的是让寄生蜂产卵、化蛹之用。寄生蜂的成虫可以经由小圆球的开孔进进出出，并在内部钻来钻去，完成特殊的传粉过程。所以说，小虫（寄生蜂）和榕树是互相依靠、互相利用的，这种现象在生物学上就称为“互利共生”。

除了榕树之外，爱玉子、无花果、榕树、薜荔、牛奶榕等，也都有类似的现象，请大家多找机会去观察。

薜荔的隐花果比爱玉子短，呈陀螺状，成熟时表面深绿色或紫黑色，散生白色斑点。

零余子是什么？

薯蓣的零余子呈圆球形，一颗颗紫黑色的小圆球挂在叶腋间，常被人误以为是果实。

听说过“零余子”吗？这是植物学上的专有名词，很特别，也很有趣，所以，特别为读者解说一下。

顾名思义，零余子的意思就是多出来的种子或多余的孩子。植物的幼儿通常隐藏在种子里面，数量并不固定，怎么说是多出来的呢？

原来，零余子并不是植物的种子，而是一种颗粒状的茎或芽，一般长在植物的叶腋处，里头储存着少量营养物质，可以让它们在落地之后，长成新的植物体，功能就如同种子一样，所以称为零余子，也可以称为珠芽。

具有零余子的植物并不多，其中薯蓣类、落葵薯及百合类植物较为常见。

百合的零余子长在叶腋，成鳞茎状，落地后即能生芽发根。

什么是假种皮？

海桐的蒴果会在成熟后开裂，露出数颗被橙红色假种皮包裹着的种子。

假种皮通常具有漂亮的色彩，薄薄的，甚至是透明的，其中含有水分、糖类及各种维生素等。当果实成熟裂开以后，假种皮就开始发挥其功能。它们先用色彩将鸟雀、昆虫乃至人兽等引过来，并以甜味或其他甘味诱使动物取食，好让种子得以散布到各处。

大家熟知的木瓜、石榴、龙眼、荔枝、百香果、苦瓜等的种子都具有假种皮；野生植物中具有假种皮的，则有野姜花、海桐、台湾海桐等。

野姜花果实成熟后裂开，露出具有红色假种皮的种子。

第2章
植物私生活趣味 Q&A

植物喝的水都到哪儿去了？

喜欢种花种菜的人都知道，许多植物是要天天浇水的，可是从外表来看，植物没有肚子，也没有特殊的盛水容器，而它们却能“喝”下大量的水，这究竟是怎么回事呢？

原来植物和动物一样，身体里面不断地进行着新陈代谢，它们在光合作用和成长、开花、结果的过程中，都消耗大量的水分。从根部喝进去的水，就是被运送到身体各部位去满足上述各种需求的。

另外，植物也需要以足够的水分来调节体温，否则在大太阳下连续晒几小时，如果没有源源不断的水分补给，叶片或花朵不被烧焦才怪。当然了，有些多余的水还是会从叶子边缘的小孔溢出的。

植物喝的水大量地从叶面上蒸发掉，因此需要补充水分。（图为构树）

有些植物体内若有多余的水分，会将部分的水分由叶子边缘的小孔（泌水孔）泌出。（图为棣慕华凤仙花）

植物也会吃东西、觅食吗？

植物没有嘴巴，也没有其他的消化器官，看起来好像不会吃东西，可是它们却会成长，有些种类甚至成长迅速呢！这样看来，植物一定是在我们不知不觉中，偷偷地吃了东西才长大的啊！

植物怎么吃东西呢？它是靠根部或茎、叶来吸收水分（根部是主要的吸收部位），然后把溶解在水中的碳、钾、磷、钙和其他有机的养料吸进身体里。另外，在叶绿素这个绿色工厂中，将吸进来的水和免费的二氧化碳及阳光，一起合成为多糖类。就这样，水分、矿物质、有机养料和多糖类等“食物”，让植物的细胞、组织和器官日益壮大，终至开花结果。所以，植物是会吃东西的，只是吃得很斯文、很有技巧罢了。

此外，植物不仅会吃东西，还会觅食呢！

植物的觅食行为虽然不明显，但是可以分主动觅食和被动觅食两方面来说。

主动觅食的情形发生在根部。植物的根会朝着水分、养分和矿物质多的地方伸展，好让各种营养物质以“渗透”的方式进入根部细胞中，再运送到茎、叶、花等部位。被动觅食的方式是植物以各种蜜汁、花朵等诱引小昆虫，再将它们捕捉过来吃掉，例如猪笼草、瓶子草、毛毡苔、长叶茅膏菜、捕蝇草等食虫植物。

所以说，植物也跟动物一样，是有觅食行为的。

捕蝇草也会抓虫来打牙祭。

长叶茅膏菜捕捉昆虫借以获得养分，它的枝叶上长满了腺毛，可以分泌黏液抓住昆虫。

植物的汁液味道如何？

很多水果是甜的，但也有不少是酸的或涩的，除了这三种味道之外，植物的汁液还有没有别的滋味呢？

植物的汁液当然不只限于果实中的“果汁”，它的根、茎、叶、花朵和种子也都有汁液。这些果汁以外的汁液因成分不同，尝起来的味道自然也不一样。凡是苦、辣、咸、甜、酸和其他说不出来的味道应有尽有，而且这些味道还会随着煮沸、干燥等不同的处理方式而改变哩！

甜甜的植物汁液大概谁都不会拒绝，但是其他味道就少有人能够接受了。在野外或深山中，辨识求生植物或试吃时，如果遇到麻、辣等刺激性很强的植物，最好赶快吐掉并漱口，因为它们很可能是有毒的。

五味子的果实酸、甜、苦、辣、咸五味杂陈，不负“五味子”之名，尝过的人一定永生难忘。

构树乳白色的汁液味道很苦，相信很少有人能够接受。

如何辨识植物雌雄？

读者们应该都知道，植物界里有所谓雌雄异株的个体，它们就像动物界雌雄有别的情况一样，雌株只开雌花，雄株只开雄花。

动物的雌体和雄体，通常很容易利用外表的形态、色彩及其他特征来加以辨认；可是植物的雄雌辨识却很难，因为雌株和雄株的外观从小到大几乎都一样，必须等到成熟开花后，才能根据花果的特征来加以判定。

雄花通常只有雄蕊，顶多只有不明显的退化雌蕊；雄蕊有花丝和花药，花朵凋谢后一般都会掉落。雌花只有雌蕊和不明显的退化雄蕊；雌蕊有子房、花柱和柱头，花朵凋谢后往往会结成果实。在开花期和结果期，是很容易辨别雌雄的。

银星秋海棠的雌花有扭曲的柱头和带翼的子房，将来果实发育成熟，就可借着翼状构造稍稍飞离母株繁殖。

秋海棠的雄花有多数的雄蕊，没有雌蕊，让人一眼就可明白它是雄花。

如何辨别花草的年龄？

大家都知道，年轮代表植物的年纪，可是只有木本植物才有年轮，草本植物根本不会产生年轮。那么，究竟要如何去判定草本植物的年纪呢?

草本植物分一年生、二年生和多年生三类，前两类大概只能根据植物体的大小和发育、生长的状况来加以判定，论其年纪，也只是几个月而已。在这儿，我们只谈多年生的种类。

多年生草本植物具有粗大的主根、地下茎、块根等储藏养分的器官，植物学家或有经验的人，根据这些器官的大小、颜色、成分、长短等特征，就可以推断它们的年龄了。

从百合鳞茎的大小也可以估计其年岁，鳞茎愈大，瓣数愈多，“年纪”就愈大。（图为三年生的鳞茎）

白花鬼针草为多年生草本植物，从它分枝的数量及主茎的粗细，可约略判断其年龄。

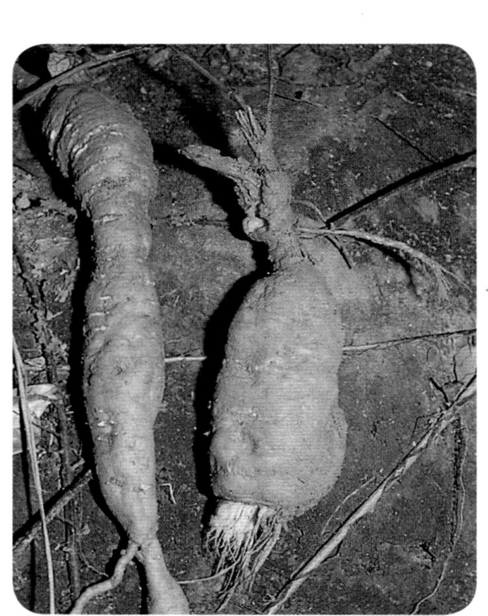

茅瓜块根的大小也可以用来判断其年龄。（图为三年的块根）

植物也需要睡眠吗？

绝大部分脊椎动物都有睡觉的习惯，那么植物呢？它们也需要靠睡觉、休息来恢复体力吗？

这些问题需要科学家做进一步的观察和研究；不过某些植物具有明显的“睡眠”现象，则是不争的事实。常见的酢浆草、紫花酢浆草、含羞草、合欢、落花生等具有复叶的植物及仅具单叶的叶下珠等，都有夜间“睡觉”的习惯，它们的小叶片向上或向下闭合，直到第二天阳光重新照射时，才慢慢将小叶子打开来。如果第二天是阴天，那么小叶子很可能很慢很晚才打开，或者只是半张半闭，一副羞答答的模样，真是有趣！

只要轻轻一碰，含羞草便会羞答答地闭拢叶片好似睡去，要好一阵子叶片才会重新舒展开来。

酢浆草每天夜晚一定准时闭拢叶片“睡觉”。

然而你可知道睡眠运动在何处发生？答案是“叶枕”，也就是小叶柄或羽片柄基部的膨大部位；睡觉时，叶枕内的水分会移往别处去，膨压消失，叶片或羽片便只好下垂或闭合了。

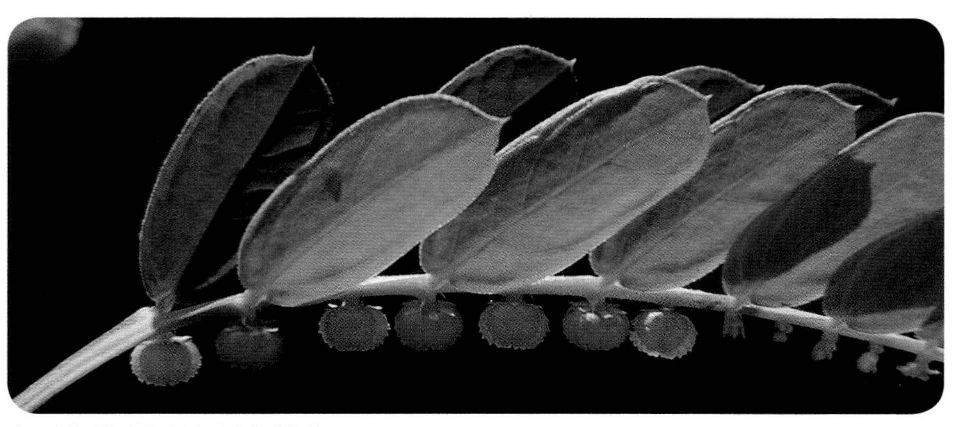

叶下珠的叶片睡眠时会朝上方闭合靠拢。

植物会不会生病?

人、猫、狗和许许多多禽、畜以及野生动物都会生病，那么植物也会生病吗?

也许有人以为，树木可以活几百岁甚至几千岁，所以它们应该不会生病。其实并非如此，植物也是自然界的有机生命体，一旦某一部位受了伤，便很可能因为各种细菌或真菌的侵入而生病。即使没有外伤，某些微小的寄生虫，也可能从根部侵入植物体。另外，在缺乏某些或某种矿物元素时，植物也会出现生病的征兆。

神木之所以能长生不老，并不是它们从来不生病，而是没有生过致命的疾病。它们是自然界的幸运儿，也是平衡生态的大功臣，人人都有责任爱护它们。

苏铁生病了，因为它叶片上长满了介壳虫。

喜欢取食植物汁液的蚜虫大量聚集，让植物生病了。

树木会不会受伤？

巨大的树木看起来又高又壮，树皮更是粗厚，有了这样的本钱，它们还会受到外来的伤害吗？

当然会。因为树木也是生物的一种，全身各个部位都由细胞组成，所以一旦有较强的外力或化学药物侵害时，树木还是很容易受伤的。

较强的外力包括风雨的侵袭、人类的砍伐、动物的啃食等，这些情况在树木幼小的时候，特别容易造成更大的损害，伤口往往让病菌侵入，造成严重伤害。

此外，化学药物的侵害，也会使树木受伤，如过浓的肥料或工厂废气等的"反渗透"作用，会造成树木的脱水和干枯，所以说，树木是相当脆弱的，我们应该多多给予关怀和爱护。

笔筒树的茎干被砍伐后，残存的茎上留下圈状花纹，白色部分是髓心。(上图)

松树枝干受伤后留下一大堆的松脂。(下图)

老树的树干被挖了一个大洞，会死吗？

在美国某一个森林游乐区，有一棵巨木耸立在道路中央，树干被工程人员挖了一个大洞，汽车及行人便在其间穿梭，大家都觉得既有趣又好玩，纷纷摄影留念。中国台湾溪头的神木也有类似情况，树干内部全部空心了，人都可以进去往上拍摄天空，可是外部仍然好好的，而且生机盎然呢！

为什么树干被挖了一个大洞，还能够苍劲翠绿、若无其事呢？要是人或其他动物的肚子也开了一个洞，那不完蛋才怪！

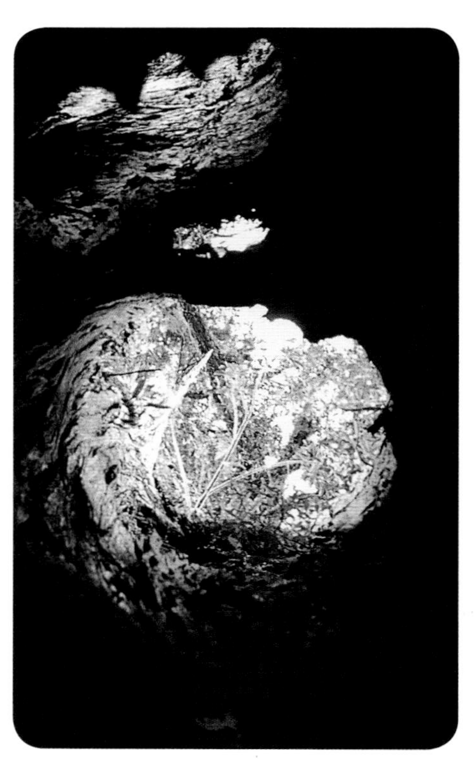

溪头的神木树干内部全部空心了，可以从内部往上拍摄天空。

大树的树干中央是坚硬而充实的木材，它唯一的功能就是支撑庞大的躯干。只有树皮和靠近树皮的木材，才具有运输养分和水分的功能。所以说，在树干中央凿洞，顶多只是稍微影响一下水分与养分的运送而已，对维系整棵树木的活力，是不会有问题的。

神木内部虽空，外部仍然完好，长势健旺，还可以在大地上挺立雄姿。

植物会互相帮助，还是彼此竞争？

植物也是生物的一种，它们为了生存，为了传宗接代，究竟是会互相帮助，还是会互相竞争呢？

答案是两种情况都有，不过好像互相竞争的情形比较常见。同类或异类的植物，会在土壤中竞争水分和矿物质、有机养料等，也会在半空中竞争阳光。竞争的胜利者往往长得高大壮硕，把失败者遮蔽在它们的树荫之下；而失败者常常因为得不到足够的养料与阳光而日趋瘦小、死亡。

低等植物中的地衣类，是藻类和菌类两种生物互相帮助的好例子。藻类会进行光合作用，提供糖类等养料给菌类；菌类则吸收水分，提供足够的水分给藻类。两者相辅相成，共同组成了地衣植物，真是自然界的一大奇观。

薇甘菊奋力攀爬于植物体上，和各种植物竞争阳光，结果往往会把树木闷死。

地衣类是藻类和菌类互助合作的共生体，两者互相依存，共同生活。

植物为什么会向光源生长？

绝大多数的植物都有向光性，也就是说，它们会朝着有太阳或其他人工光源的方向生长，这是为什么呢？

植物必须依靠阳光来进行光合作用，因此朝向有光源的地方生长，这是很自然的事，大家只要想一下，就能明白其中的道理了。然而紧接着的另一个问题是，植物用什么方法来控制或引导自己生长的方向呢？

植物学家经过研究和测定，终于知道是“生长素”在作怪。植物的背光侧生长素分布较多，生长自然较旺盛；而向光侧分布较少，生长就较慢，于是茎部自然朝着有光的方位弯曲了。说起来还真是奇妙哩！

向日葵总是朝向太阳展现灿烂的笑颜，一副朝气蓬勃的样子。

在幽暗的树林中，翼茎葡萄卖力地向光生长，以争取阳光，进行光合作用制造养分。

向日葵向着阳光弯曲生长，十分有趣。

植物为什么需要土壤？

大部分的植物都生长在土壤里，只有少数长在树干、石壁、石缝或水中。为什么会有这种现象呢？土壤对植物而言，有哪些重要性呢？

植物以根系或地下茎深入土壤里，这些器官不但从土壤颗粒中吸收水分、矿物质和其他有机养料，还会紧紧地黏附在土层中，使植物体得以固着，免得被风雨轻易打倒或吹走。

虽然土壤对植物相当重要，但是并不是绝对必需，尤其对体形较小的草本植物而言更是如此。目前盛行的水耕栽培就是不用土壤的，不过必须有其他固持植物体的装备，也要人工施肥或通气，否则植物是不可能长好的。

榕树的根紧紧地抓住有限的土壤，甚至为了多争取一些土壤，努力地拓展根系。

水培虽不需要土壤，但仍须注意固持、施肥、通气等问题。（图为水培的芹菜）

为什么墙缝、石壁、树干或屋顶上会有植物生长呢？

在高高的墙壁、屋顶或石壁、树干上，我们常常可以看到小小的孔洞或缝隙里有绿油油的植物生长着，是谁爬上去种它们的？为什么在没有土壤的地方，它们也能生存呢？

高墙孔隙中的植物通常都不是人种的，它们是自己长在那儿的，不过必须靠一些外来的助力。风和鸟是助力的主要提供者，这话是什么意思呢？

榕树、雀榕、岛榕等植物，由于鸟类会啄食其果实，种子就随着鸟粪到处散布，遇到连续的阴雨天，便顺利发芽成长；蕨类植物的孢子、芒草类的细小果实、毛马齿苋的微小种子等，很容易被风吹到树上或屋顶上，如果水分足够，也会顺利发芽成长。当然了，由于养分有限，这些植物的个头是不会太大的。另外，某些落地生根或仙人掌的同类，由于抗旱性极强，因此在被人或其他外力移置到树上或屋顶上的时候，也会继续茁壮生长。观察这些生命力强韧的植物生长、繁殖的状况，实在是趣味十足。

榕树苗长在高高的挡土墙上，依然能伸展枝丫，展现旺盛的生命力。

偶尔在墙缝中也会发现长春花开了花。

肾蕨利用发达的走茎固着在石壁上攀爬，生意盎然地生长着。

气候会影响植物的生长吗？

如果有人问你："气候会不会影响植物的生长？"我想读者们一定会不假思索地说："会！"但是，气候究竟是如何影响植物生长的，你答得出来吗？

不同的气候下，生长着不同的植物，例如干燥地区的植物往往是多肉的、有刺的；高山上的植物则是矮矮的、毛茸茸的；海滩上的植物常贴地而生，而且茎叶肥厚。种种不同的植物生态，都是因为受气候的影响，植物为了适应才造成不同的演化结果。

如果将同一种植物种植在不同的气候带上，那么影响的情形就更加明显了。例如将蒲公英种在高山或海边，那么它的叶片一定比种在平地上的个体厚，不信的话，大家可以试试看！

在海滩上生长的沙苦荬菜把细长的茎埋在沙砾中，让茎叶尽量贴近地面，减少暴露在空气中的面积，避免强风吹袭与烈日曝晒。

为了抵抗严寒，高山上的尼泊尔香青通常植株矮矮的，身上还长了茸毛。

一年生植物的寿命有多长？

在草本植物里，有所谓的一年生草本和多年生草本，“多年生”大概没什么问题，大家都知道它们有许多年的寿命；可是一年生草本真的正好活一年吗？如果不是的话，那它究竟能活多久呢？

昭和草的幼苗正努力地吸收养分，好快快长大。

一年生植物其实寿命往往还不到一年，它们有的在春天萌芽，春末开花，夏季果实成熟，等秋季来临就消失得无影无踪了。有的则在冬季萌芽，春季开花，初夏结果，夏末枯萎，留下新生的种子在土壤中休眠，期待另一个萌芽季节的来临。

所以说，一年生植物应该是在一年内完成一个生活史的植物，不论幼苗期是从什么季节开始。

昭和草在半年内就开花、结果、枯萎了。生命虽短暂，却留下大量的种子，等待适当的机会再度发芽生长。

水生植物如何越冬?

夏天是水生植物繁盛的季节，但是到了冬天，往往水温降低，甚至水池干涸，因而不适合它们的生存。这时候，原先欣欣向荣的水生植物都跑到哪里去了呢?

一年生的水生植物，通常在秋季就已经结好了果实，这些果实会带着种子，沉到比较温暖的水底过冬；多年生的水生植物，一般都让水面上的茎叶呈干枯或半干枯状态，只留下水底的块茎、球茎或块根过冬。浮水性的浮萍类植物，有些会在秋冬季就沉到水底，它们将自己的叶状体增厚、密度加大，便可沉入水中，一直到第二年的春天再浮上水面；满江红类则可能部分枝叶老化、枯萎、休眠，期待新生长季的到来。

总之，水生植物不管用什么方式，都会选择水底最避风、最温暖的地方来过冬，它们还真是聪明呢!

莲以让叶子、莲蓬通通枯萎的方式过冬，只留下水底的地下茎和掉入水中的莲子，待来年再发生机。

满江红的部分枝叶在冬季老化、枯萎、休眠，以待新生长季到来。

寒冬里，植物会死吗？

在瑟瑟的寒冬里，许多生物都失去了活力，不少动物冬眠了，那么植物呢？特别是那些矮小脆弱的野花野草，在乏人照顾保护的情况下，它们会痛苦地死去吗？

植物虽然不会跑、不会跳、不会说话、不会叫，但是它们也跟动物一样，具有适应各种环境的本领。

高大的树木有的会以落叶的方式来度过严冬，有的会降低代谢水平来节省体力。矮小的草本有的让茎叶枯萎，只留根部在地面下越冬；有的干脆让全株干枯，使人误以为它们已经完蛋了，实际上，它们的后代——果实或种子，正在土壤中伺机而动呢！所以说，寒冬会摧毁植物的茎枝，却不会影响它们生命的延续，大家尽管放心吧！

落羽杉会以叶子变黄再脱落的方式来过冬。

大花紫薇会以叶子变红、脱落的方式来过冬，以减少养分的消耗。

哪里有菌类生长？

菌类是一群低等的生物，它们很久以前曾被分类学者归于植物，但随着生物学的发展，现在已经不再把菌类看作植物。菌类不会开花，不会结果，只能利用小如灰尘的孢子来繁殖后代。它们是大地上的分解者，在生态系统中扮演着相当重要的角色。

菌类有蕈类、霉类、酵母菌等，它们有些是人类的好朋友，有些则会给人们造成相当大的损失。因此，针对它们做生态分布、习性特征及生理研究等，是相当重要的课题。

蕈类一般都生长在潮湿的腐木、落叶或竹林中，下雨之后生长得尤其快；霉类也喜欢腐败的有机质，如坏的水果、蔬菜、面包乃至鱼、肉等，有时连活的生物体都会被它们寄生；酵母菌则经常在含有糖类的东西上生存。要是读者们想进一步了解菌类的生长情况，那么自己培养也可以，不过要借助显微镜，才能详细观察。

这种菌类生长在腐殖质深厚的地方。

树舌是一种蕈类，常长在腐木上，分解腐木的有机质供生长用。

蕈类都像小雨伞吗？

蕈类是一种低等的腐生生物，以各种腐殖质来维系生命。它们是自然界中的分解者，在整个生态系统的循环中，扮演着相当重要的角色。

大家熟悉的蕈类如香菇、洋菇、草菇乃至金针菇等，它们的菌体都像小雨伞般，有长长的蕈柄支撑着。依此类推，是不是每一种蕈类都呈雨伞形呢？

当然不一定，雨伞形的蕈类只可以说是典型的代表而已，事实上有不少蕈类是没有柄的，蕈体也不完全呈伞状，有的呈圆球形，有的呈星形、珊瑚形网状或鹿角形、片形等，真是形形色色。有兴趣的读者们不妨随时留意，并做记录，但不可随便采回家做菜，以免发生危险！

蕈伞的剖面

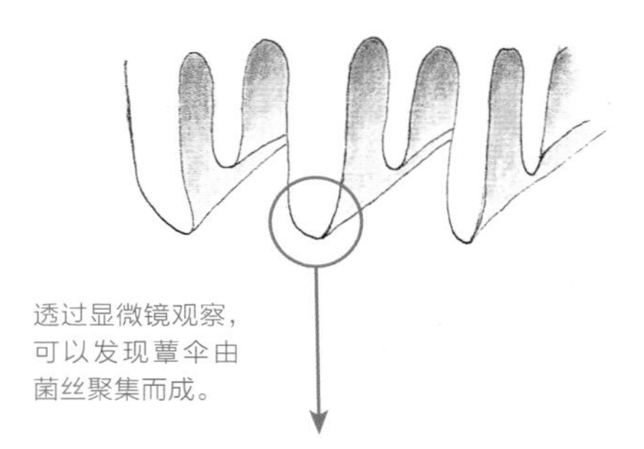

透过显微镜观察，可以发现蕈伞由菌丝聚集而成。

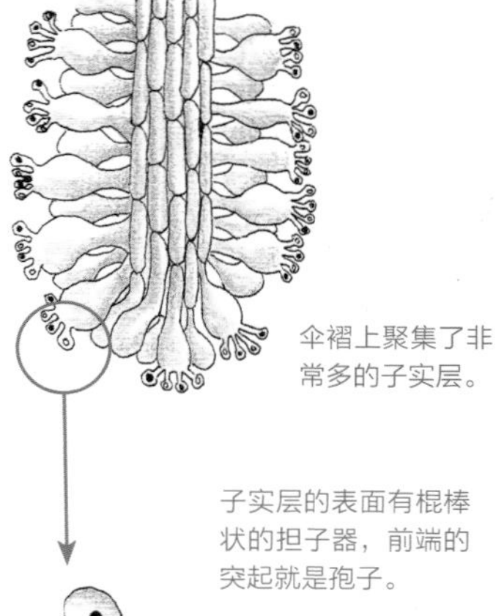

伞褶上聚集了非常多的子实层。

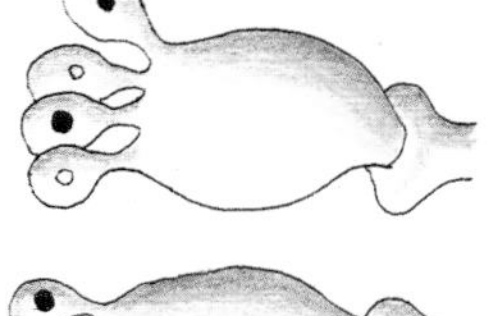

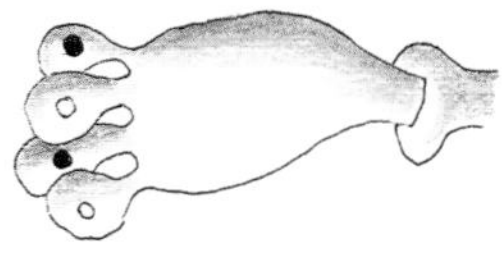

子实层的表面有棍棒状的担子器，前端的突起就是孢子。

多孔菌科的蕈类呈片状。

竹荪又称竹笙，是长得像网子的蕈类。

什么是寄生植物？

这里说的寄生植物是指会开花的高等植物。它们究竟如何寄生？读者们知道吗？

寄生植物通常都具有寄生根，它们有时伸进寄主植物的茎部，有时则深入到寄主植物的根部，进行养分的掠夺。它们是植物界的流氓和强盗，专干不劳而获的勾当，让许多植物同类深恶痛绝。

某些寄生植物的果实或种子带有黏性，能黏附在寄主植物的茎干上发芽，再逐渐长大，并生出寄生根来吸取养分；还有一些寄生植物的种子又小又多，能随着雨水、强风或其他外力深入土层中，找寻寄主的根部，以便发芽生长。这些就是它们的寄生方式，够奇妙吧！

穗花蛇菰通常寄生在中海拔山区的阔叶树，尤其是壳斗科植物的根部。植物体常呈紫红色，非常鲜艳。

列当常寄生在茵陈蒿的根部。

什么是附生植物？

蝴蝶兰、卡特兰等漂亮的兰花，原本都生长在森林中的树干上，植物学家称这类植物为“附生植物”或“着生植物”，读者们知道它们的特性吗？

附生植物一般都是矮小的草本植物，它们具有发达的气生根，能够固着在潮湿的树干或石壁上，以空气中的水汽和树干上累积的腐殖质为生。对被固着的植物而言，它们只是“借住”而已，并没有掠夺任何养分，所以顶多只是造成不方便或讨厌罢了，并不会带来实质上的伤害。很多人把这类附生植物也说成寄生植物，那是不正确的。

槲蕨是附生性的蕨类，喜欢生活在潮湿的森林中，以发达的走茎在树干上攀爬。

石斛是附生性的兰花，有发达的气生根，能自行摄取空气中的水分、氮；着生处的尘埃、腐叶等也能成为其养料来源之一。

广义上的腐生植物就是在腐败的东西上生长的植物或菌类，读者们大概都能举出一些例子来，比如说面包霉、青霉、水霉以及较大型的香菇、洋菇、草菇、木耳等。

以上所说的霉菌和蕈类，都是不会开花的低等生物，体内都不含叶绿素，它们过腐生生活是应该的；可是，在会开花的高等植物里，居然也有腐生的例子，这就显得相当特殊了。

高等腐生植物的代表是水晶兰、锡杖花、腐生兰等，它们通常生长在腐叶堆或朽坏的木材边，以分解后的有机质维持生活；它们能够在幽暗的树荫下开出洁白、橙黄甚至深红色的花朵，真是植物界的一大奇观！

水晶兰可算是“间接寄生”植物，它与真菌共生，真菌自腐木中获取养分供给水晶兰生长。

腐生兰以腐叶堆、朽木分解后的有机质为生，花序十分明艳。

蕈类常生长在腐叶堆中。

“蕨”这个字是怎么来的？

中国人造字，一向是很有思想、很有学问的，就拿“蕨”这个字来说吧，上面的“艹”字头，意思就是说该类植物主要为草本；至于下面的“厥”就更有意思了。厥因“蹶”而来，蹶就是跌倒的意思，人在跌倒的时候，腿部会因为自然的反射作用而卷曲起来，就好比蕨类植物的幼叶，在未张开前都是卷曲的，于是将“蹶”的“足”边去掉，加上“艹”字头，“蕨”字就诞生了。99%以上的蕨类植物,新叶原本都是卷成一圈圈的，只有极少数较原始的种类卷曲不明显，请大家多注意。

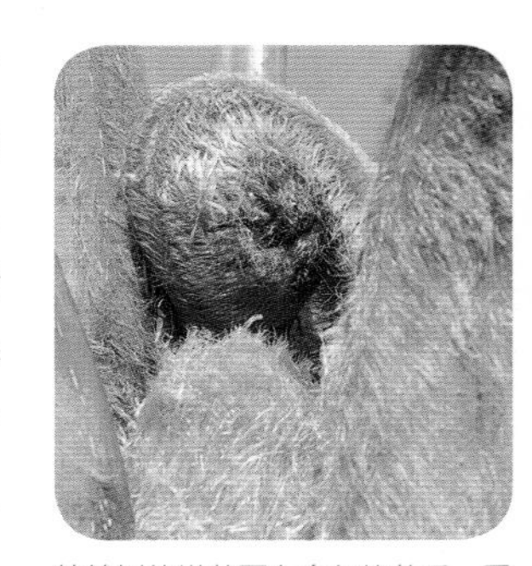

笔筒树的嫩芽覆有金色的茸毛，看起来像一个金色的大问号。它也可以当菜吃。

另外,我们时常在自然科学的杂志或书本上看到“羊齿植物”这个名词，它跟植物学上所说的“蕨类”是同义词吗？哪一个比较正确呢？“羊齿”是日本人的用法，这类植物的确有若干种类有细裂如羊齿的叶片，但毕竟只是一部分。所以说“蕨类”比“羊齿”高明一点，也更正确、更本土化。

栗蕨的新芽卷得很可爱。

巢蕨卷曲的嫩叶颜色青翠，可以当青菜炒食，十分爽脆可口。

蕨类都生长在阴湿的地上吗?

树林里、水沟边、围墙下，许许多多阴湿的地方都有蕨类植物的影子，就好像所有蕨类都喜欢阴湿的环境似的，那么有没有例外的情况呢?

有的，世界上几乎所有的事情都有例外，蕨类植物的习性也是如此。虽然大多数蕨类都选择阴暗潮湿的地方为家，但是也有少数种类偏爱开阔向阳的环境，在阳光不足的地方还可能生长不良呢!

常见的喜阳性蕨类植物有芒萁、海金沙、笔筒树、全缘贯众、乌蕨、阔片乌蕨及傅氏凤尾蕨等，它们经常大量出现在海边、林道或公路两旁以及溪流边等地。

另外，有许多蕨类是“厌地性”的，它们宁可住在养分较少、掩蔽性较差，但是通气性较好的树干、岩壁或其他物体上。这种远离地面的生长方式就叫作“附生”或“着生”。常见的巢蕨、伏石蕨、贴生石韦、书带蕨等，就是标准的着生性蕨类。

住在树上或岩石上的蕨类，孢子在被风吹散或被雨打落后，有一部分会掉在其他树干或岩壁间，如果水分供应无缺，就可以慢慢长成新的个体了。

伏石蕨是典型的附生性蕨类，常群聚在树干上，好像拥抱着树一样。

芒萁的群落通常都在向阳干燥处，可以说是向阳开阔地的先驱植物之一。

海金沙的叶轴十分细长，它也喜欢生长在较干燥的地方。

蕨类叶背上的小点是什么？

大家都知道，蕨类植物必须利用微小的孢子来繁殖后代，那么孢子长在哪里呢？是不是长在叶子背面？那些密密麻麻的小黑点就是孢子吗？

蕨类植物的孢子绝大部分都长在一般叶子的背面，只有少数分布在特殊叶子的边缘、背面或像葡萄梗一样的小分枝上。但是孢子非常细小，人类的肉眼很难辨认，必须用显微镜才看得清楚。

孢子隐藏在孢子囊内，孢子囊一般都成群成堆生长，植物学上称之为孢子囊群，它们就是我们可以看得清楚的小黑点。所以，下次在野外看到蕨类植物时，请不要再说："哎呦，那密密麻麻的孢子好像虫卵，好可怕喔！"

台东鳞毛蕨的孢子囊群着生于叶片背面，孢子囊群呈圆形，里面的孢子可以繁殖下一代。

金毛狗的孢子囊有二裂形的孢膜，成熟时会像蚌壳般开裂。

为什么某些蕨类有两种叶子？

走到野外，在潮湿的树干、岩壁或石头上，我们常常可以看到一种名为伏石蕨的小型蕨类，它的个子虽然玲珑袖珍，却有两种不同的叶子：一种较圆、较短，另一种则较细、较长。为什么同一棵蕨类植物身上会有两种不同的叶子呢?

原因是这样的：某些蕨类植物将进行光合作用的叶子（营养叶）和进行生殖作用的叶子（孢子叶）分开，当它们年纪尚幼的时候，全株只有营养叶；等植株成熟，才长出孢子叶来，并在孢子叶背面生出密密麻麻的孢子囊。因此，当我们碰到这样的蕨类植物时，如果它还在幼嫩期，是怎么也不可能在叶子背面找到孢子囊的。这种现象是不是很有趣?

紫萁具有两种叶子：孢子叶（上图）不具叶肉，孢子囊绕着叶脉的四周生长，只在植株成熟要繁殖时才出现；营养叶（左图）则负责进行光合作用。

伏石蕨也有两种叶子：营养叶卵圆形，柄短；孢子叶细长，孢子囊群长线形，着生于叶背中肋两侧。

“金毛狗”真的可以止血吗？

在乡间，常听人家说有一种名叫“金毛狗”的东西，可以拿来止血；因此，每当到山上郊游或健行的时候，总要设法找到它，以便带回家作为不时之需。金毛狗究竟是什么？它真的可以当止血药吗？

金毛狗的叶柄基部及根茎上有金色茸毛，此茸毛有吸水保水的特性，以往常被用来止小伤口的血。

金毛狗是一种蕨类植物的名字，这种蕨类的地下部分（称为根茎）长满了细长的金褐色茸毛，柔柔软软的，恰似小狗的毛一般，所以有了这个可爱的名字。将茸毛成簇拔起，往小伤口一塞，的确具有止血的作用，可是对于大一点的伤口，就不管用了。（特别提醒：金毛狗为国家二级保护植物，此外，现代医学不建议在伤口上放异物来止血。）

在中国台湾，低海拔山区，它的一片叶子长达 2 米。有机会上山，请用心找找看。

金毛狗的叶子很大，每一片叶子的长度可达 2 米。

沙滩上的植物如何生活?

到过海滩吗?读者们在那儿除了戏水玩沙之外,是不是也曾经注意过野草野花?它们在恶劣的环境下,究竟是如何生活下去的?

沙滩一般是贫瘠的、缺水的、含盐量很高的,而且经常烈日当空、海风飒飒,这样的条件,植物如何去适应?大家有没有想过或者好好去观察过?

为了减少风的危害,沙滩植物大都采取匍匐生长或者让植株尽量低伏的生活方式,同时在节上生根,以便固着躯体。它们有时还会将茎部完全藏起来,只让叶子露出地面,以便进行光合作用。最后,为了吸收足够的水分和养分,许多沙滩植物的主根都是又粗又长的。以上种种天赋或演化出来的本领,就足够让沙滩植物好好活下去了,对不对?

蔓荆是木本植物,却能伏地匍匐生长,在沙砾甚至礁岩间来去自如,是优良的固沙植物。

厚藤可借助修长的蔓茎以节节生根的方式拓展地盘,它充分利用蔓茎积聚尘土,改善自身的生活环境。

为什么有些植物能生活在水里？

水生植物是一群特殊而可爱的生命体，只要稍加观察和研究，任何人都会喜欢它们的。

为什么许多植物能够长期生活在水里呢？它们如何克服阳光和空气不足的难题呢？这真是令人深感兴趣的问题。

为了让身体各部分能摄取足够的空气，水生植物的茎、叶、叶柄和花梗，乃至深埋在泥中的块茎等，都有气室或气洞的构造，以便于空气的输送和储藏。而叶子上的气孔，绝大多数分布在上表皮，以利于空气的进入。

在阳光的吸收上，由于水生植物的叶子都很薄，且生长的深度都相当有限，阳光自然容易进到叶肉细胞中。阳光和空气不足这两大障碍都顺利排除之后，剩下的小难题就不足以困扰水生植物了。

水筛的叶子很薄，阳光容易进入叶肉细胞中，可以沉水生长，不用担心无法进行光合作用。

凤眼莲的叶柄剖面可见密密麻麻的气室，这是它输送和储藏空气的地方。

凤眼莲在水中发达的根系具有相当重量，有平衡的作用，以便水面上的植株挺立漂浮。

沙漠中的植物只有仙人掌吗？

仙人掌长在沙漠中，这是大家都知道的事。可是，在广大的沙漠里，就只有仙人掌这一类植物吗？

沙漠中的仙人掌种类很多，它们有高有矮，外形也有相当大的变化，不过它们绝不是沙漠植物的全部；许多其他花草、树木也都具有耐热、耐旱、耐强风的本领，沙漠中的植物世界其实热闹得很！

除了仙人掌外，沙漠中还有其他多肉植物，萝藦科的魔星花就是其中之一，其独特的花形与新奇的颜色引人驻足。

沙漠中的仙人掌造型奇特，形状殊异，有高有矮，高壮者甚至可以比人还高。

沙漠里的树木通常不会很高大，它们有的干粗枝肥，叶片却相当稀少；有的分枝多而细，叶子小而厚；有的叶片细硬，而且全株布满锐刺。沙漠中的草本植物则大都矮小肥胖，茎叶外皮还有角质层、蜡层、茸毛等保护构造。

总之，沙漠虽然荒凉，但其中的植物仍然是多彩多姿、引人入胜的。在经过长期的演化后，沙漠植物已经能够适应并配合“雨季极为短暂”的气候类型，在很短的生长期内开花结果，并在漫长的干旱期中养精蓄锐，静待下一个雨季的来临。

扇形的仙人掌常有长而硬的尖刺，极易伤人。

为什么叫红树林？

最近几年，环境保护及生态保护的意识高涨，台湾淡水及其他地区的红树林也因此成了各种传播媒体争相报道的对象，知名度真是大大提高了。

大家都明白，红树林是生长在河口沼泽地带的森林，景观漂亮而特殊，在学术研究上也有相当高的价值，无论如何一定要加以保护。可是，为什么叫它红树林呢？

红树林名称的来源有二，其一是林子里的树木大都是红树科家族的成员，红树科的名字来自红树，因为它的叶柄和花都是红色的；其二是红树科家族的每个成员，其木材内都含有单宁物质，一旦木材接触到空气，单宁就会氧化，变成红色或红褐色，红树科乃至红树林之名就产生了。

红树林一般出现于河口与海洋交汇的沼泽地带，除了红树林景观之外，还有招潮蟹、候鸟、弹涂鱼等出没，是进行自然观察的最佳地点。

秋茄是红树林的成员之一，它特殊的“胎生”方式令人印象深刻。

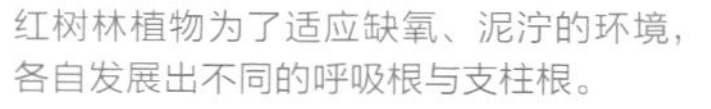

红树林植物为了适应缺氧、泥泞的环境，各自发展出不同的呼吸根与支柱根。

什么是漂流林？

棋盘脚树的果实富含纤维质与软木质，又轻又坚韧，常随潮水漂浮，远渡重洋，到异地落脚。

你是不是觉得很惊讶，怎么会有漂流的树林呢？如果连森林都会漂起来，那不是比洪水海啸还可怕吗？

事实上，漂流林绝对不是整个树林漂起来的意思，它指的是一种分布于热带海岸的树林，里头的成员大部分利用海水漂流的方式，来散布果实或种子。说起来，还真是有趣。

台湾南端的垦丁海岸，也有小面积的漂流林，它们就生长在珊瑚礁罗列的海边，主要成员有棋盘脚树、白水木、琼崖海棠、银叶树、海杧果等，它们的果实都有木栓质的外壳，可以长期漂流而不会受伤，真是厉害！

黄花夹竹桃的果实也可以靠水流传播。

海杧果的果实成熟落地后，可在潮水上漂流，等到着陆后再萌芽发育。

热带植物能在寒带生长吗？

寒带和热带是两个极端不同的气候带，前者几乎长期严寒，甚至终年结冰；后者则整年高温多雨，即使在冬天也没有什么寒意。在如此截然不同的气候带里，各自都有多样的植物生长者，它们能互相拜访，到对方家里去做客吗？

植物也跟动物一样，有一定的生长条件，如果要加以改变，就得有相应的配合措施，否则它们是无法适应的。在自然的状况下，寒带植物根本不可能移居到热带；相应地，热带植物也不可能搬到寒带去住。但是，如果人类帮它们建立人工气候室，用各种科技产品在小范围里制造出仿真的环境，那么寒带植物当然也能在热带生存，热带植物也可以生长在寒带。只是，人工气候室的装备得花费大量金钱，所以只能用在试验上，不太可能大规模去建造。

属于热带植物的红掌也可以在寒带的温室中生长。（上图）
原产于热带的观赏菠萝在寒带的温室中也能生长。（左图）

森林里只有大树吗？

森林的植被有许多层次，阴湿树林的草本植物群当中，刺蕨是贴着地表生长的代表性植物之一。

大家都知道，森林里有数不清的树木，它们都很高大，很茂密，难怪能散发出新鲜的空气，给大地无穷无尽的好处。

除了高大的树木之外，森林里还有没有别的植物？答案当然是肯定的。森林中的植物组成复杂得很：高大的乔木在最上层；接着便是较低矮的小乔木和灌木；其次则是草本植物；最下方靠近地面的还有菌类、苔藓类和地衣类、蕨类等低等的植物。层层分明，各有所司，各有所用，它们是森林生态系统中的生产者和分解者，供养了无数的动物。到过台湾溪头、阿里山、太平山、杉林溪等地的森林游乐区的朋友，一定都有印象：森林的大树下，还有更热闹、更复杂的植物社会，值得我们去研究探秘！

地衣类是藻类与菌类共生的复合体，为森林底层的主角之一，虽然长得不起眼，却常在生态系统中扮演先驱者的角色。

森林会受到破坏吗？

森林是许多植物和动物的组合体，它们往往一望无际，既广袤又伟大，它们会受到外力的破坏吗？读者们是不是曾经思考过这个问题？

森林虽然伟大，可是它是脆弱的、易受伤害的。人们没有节制地砍伐树木、因雷电或人为疏忽所造成的森林火灾、大量废气和污染物形成的酸雨以及生态失衡导致大量繁殖的鼠辈啃食树皮等，都会造成林木的枯萎和死亡，森林也就被破坏无遗了。

无论哪一种破坏，多少都跟人类有关，所以为了维护森林的完整，保障我们和子孙后代的生活质量，人人都应该遵守法令，保护生态，减少污染。

虫害也是常见的森林灾害，台湾的松树林受到松材线虫严重危害，常可在野外看到“红头”的松树。

森林是脆弱的，往往一场大火便能让已生长千百年之久的巨木毁于一旦。台湾雪山山脉上有名的台湾冷杉白木林就是因为森林火灾而形成的。

松树林为什么容易引起森林火灾？

经常攀登中、高级难度的山的人，应该都知道，最常遭受森林火灾侵害的树林就是松树林，而“祝融”为什么最爱光顾松树林呢?

原来，松树林本身就是一种比较干燥的森林，而且地面上还堆积了许多干枯的松针（松叶）；更糟糕的是，在松树的枝叶里，还含有大量的松脂，这些松脂遇火很容易燃烧。以上诸项因素组合起来，自然成了松树林易遭火灾的致命点。所以喜欢到松林去活动的人，应该都要有一个认识，就是务必小心火烛，这样才能确保森林安全。因为根据统计，85% 以上的森林火灾，都是人为因素造成的。大家怎可不谨慎呢!

松林本身就比较干燥，加上枝叶富含松脂，很容易发生森林火灾。

森林火灾后的松林一片枯槁，令人不忍直视。

台湾的神木包括哪些树种？

神木就是巨大、高龄的树种，人们为了表示尊敬，称它们为“神木”。

神木在许多地区被奉为“大树公”，人们甚至建庙行礼膜拜，香火十分鼎盛；有些地区的神木则被政府单位设栏保护，以表示它的稀有性和可贵性。而大多数的人对神木，是以景仰、惊奇之心来看待的。

台湾的神木以红桧这个树种最多，也最巨大，像阿里山神木、溪头神木、太平山神木、复兴乡神木及巨无霸神木等都是红桧。另外，杉木、秋枫、樟树、榕树等中也都有被人尊称为神木的大树。总结起来，红桧应可称得上是台湾的神木之王，再没有什么树种能比它更巨大长寿的了。

樟树神木是中低海拔地区常见的神木，它常与民众的生活和信仰结合在一起。

红桧神木是台湾神木的代表。红桧树形挺拔，高大健壮，矗立于大地之上，仿佛是可以以手接天的大巨人，令人钦仰。

小苗在大树下为什么容易死亡？

常常到山区去郊游踏青或登山健行的读者们，可能会注意到一个现象：大树下通常不容易找到小树苗，即使有，也往往是瘦弱不堪，一副长不大的样子。为什么会这样呢？大树难道没有能力保护自己的孩子吗？

是的，大树在自己的后代（果实或种子）离开母体前，会尽力地给予呵护，并给予种种完善的传播装备，但是后代一旦长成幼苗，母树就管不着它们了，甚至两代之间还会不断地做生存上的竞争。小苗在大树的覆盖下，很难得到足够的阳光，雨水和土壤中的养料也会因为根系较大树纤弱得多而拱手让出来，所以一般说来，小苗在大树下是很难成长的。

茜草树幼苗在大树下不容易得到充足的阳光和雨水，显得纤弱而且易于死亡。

长在大树下的罗汉松幼苗，并不容易长大。

森林底层为什么经常湿湿的？

喜欢登山郊游的读者们，应该都有这样的经验：每当从山径走进森林里，就立刻感觉到地面湿湿的，即使已经好一段时间没下雨了，森林的底层还是有相当的湿度。这是为什么呢?

森林中众多的树木会阻挡阳光，也会使风力变小，蒸腾作用中这两种最厉害的主控者一旦失去了威力，水分的蒸发自然就缓和得多，因此森林底层失水非常缓慢。另外，树根、草根等都会蓄水，而很多植物则会把过多的水分以水滴的方式从叶面上排掉，再落到地面上；加上森林底层的蕨类、苔藓类和其他小草、小花等都会尽量留住水分，这么多的因素加起来，使森林底部不湿也难了。

森林底层常保持湿润状态，腐殖质层肥厚，地被植物丰富，是许多生物的天堂。

什么样的植物能保护水土？

根据最近的新闻报道，地球上由于森林资源的日益枯竭，许多国家甚至禁止原木出口，造成木材、家具及木制用品的价格大幅度上涨……

的确，森林对自然保护及生态平衡真是太重要了，尤其对保持土壤、涵养水源更有不可磨灭的贡献。究竟什么样的植物具有最好的水土保持能力呢？以下就加以说明：

1. 地下茎或根系特别发达，能在土壤中交织成坚固的保护网，将大小不同的土壤粒子紧紧地抓住的植物，如桂竹、相思树等。

2. 分蘖性强，能够在短时间内形成大片的族群，使固着土壤的能力大增的植物，如银合欢、白茅等。

3. 易栽易植且繁殖简易者，如榕树类、马缨丹等。

4. 生命力强韧，能够在缺水的陡坡间繁衍族群者，如车桑子、霸王花等。

桂竹林地下走茎发达，在地表下交织成网，水土保持能力极好。

相思树根系发达，也是优良的水土保持植物。

砍下来的树有什么用途？

树木活着的时候，对人类有不少贡献，例如提供氧气，保持水土，提供果实、阴凉及美化景观等；一旦它们被砍下来，还能带给我们什么好处呢?

木材的用途可多了，大家比较容易想到的有盖房子、造桥、制家具、造舟车、做小器具及当柴薪等；另外，木材及树皮等还可造纸，利用树木特有的香气，甚至可提炼出各种有机化合物，以供驱逐蚊虫或治疗皮肤病等；至于拿木材来栽培菇类、制造各种乐器等，可能是大家比较容易忽略的。

尽管木材有数不清的用途，但是我们绝对不能毫无计划地滥砍，要是能砍一棵、种两棵，而且等小树长大了再砍，那么我们才会有砍不完的树，也才能拥有可贵的森林资源。

砍下来的枫香木头锯成一段一段，可以用来栽培香菇、木耳等食用菌类。

相思树是常见的乡土树，木材可烧制成木炭，是早期民众炊煮食物的主要燃料。

灰尘太多会影响植物生长吗？

在大都市的行道旁或安全岛内，我们常可看到种在其间的植物，枝叶甚至花朵上都沾满了一层厚厚的灰尘，这些又黑又脏的尘埃会妨碍植物的生长吗？

也许很多人不觉得叶面上的污垢会妨碍植物的成长，因为它们还活得好好的，并没有枯死呀！其实，它们几乎每天甚至每时每刻都在发出无声的哀号呢！因为那黑灰封住了气孔，使它们难以呼吸；遮住了阳光，使它们难以高效率地进行光合作用。如果不是偶尔降下倾盆大雨，冲掉大部分尘埃，它们一定会天天喊救命的！所以，减少各种污染源，尽力保持空气的洁净，是我们眼前极为迫切的课题，否则，连植物都会向我们提出严重的抗议！

种在校园中的木麻黄和杜鹃花灰尘污染较少，生长、开花的状况较佳。

种在中央分隔岛上的兰屿海桐，因来往车辆穿梭，落尘污染量大，也就影响到正常生长。

为什么有些植物越来越稀少？

最近几年，人们开始大力提倡自然保护，于是许多濒临灭种的稀有动植物被政府明令保护，甚至由专人研究繁殖的方法，希望大量增殖之后，再放回或种植到原来的山林。

为什么某些植物会跟野生动物一样，越来越稀少呢？根据学者的调查研究，发现至少有三个原因：第一是开山辟地，将植物的生长地完全破坏，使它们无法生存；第二是被滥采滥伐，以致数量逐年减少，这类植物通常都有特殊的用途；第三是植物本身原本就分布在相当狭窄的区域，一旦该地受到破坏，当然就只有灭绝了。由此可知，植物是相当脆弱的，我们应该加以妥善保护才对。

花形优美的墨兰因受到滥采而日渐稀少。

南湖柳叶菜只生长于台湾中北部中至高海拔地区的岩屑地，因分布地狭窄而越来越少。

稀有植物该怎么拯救？

稀有植物之所以变得稀有，其成因多半是人为造成的，因此解铃还须系铃人，必须全人类达成共识，才能拯救它们。

首先，必须停止滥垦滥伐，让广阔的山林成为它们永远的居所；其次，必须重罚滥采者，使贪婪的人长久待在监牢里，再也没有人敢随意威胁它们；第三是要积极地为稀有植物做保护工作，替它们大量繁衍幼苗，并再度种回原生地去；第四是在重大的山林开发案实施之前，必须先进行详细的植物调查，所有稀有种类要加以移植并设置保留区，如果无法移植，那么就得另觅新址去开发。有了以上四项措施，相信稀有植物就可以得到喘息和再壮大的机会了。

人工复育是拯救稀有植物的方法之一，试验单位大量试种台湾独蒜兰，成效十分显著。

台湾萍蓬草因人类的开发导致生长地遭受破坏而成为稀有的水生植物。

相思豆是相思树的种子吗？

相思树是大家熟悉的树木，在台湾它生长于各地低海拔山林里，数量极为庞大。相思豆也是人人都知道或者听说过的东西，它圆圆扁扁，红彤彤的，讨人喜欢。

相思豆就是相思树的种子吗？还是它俩名称的相似性只是巧合而已？读者们答得出来吗？相思豆也就是“红豆生南国”中的红豆，它是海红豆的种子。海红豆跟相思树一样，都是豆科家族的成员，但是外形相差很多，绝不能混为一谈。所以说，相思树和相思豆只是名称恰好相似而已，彼此并没有什么关系。在台湾海红豆主要种植在中南部，数量并不多，因此一般人对它的树形并不熟悉。

海红豆的荚果弯曲成镰刀状，与相思树扁平的荚果在外观上明显不同。

海红豆的花序呈长穗状，与相思树圆球形的花序不同。

颜色鲜红艳丽的孔雀豆种子，可串成项链、手环或镶在戒指、耳环上当缀饰。

人猿用的树藤是什么？

在影片或动画片中，我们常常可以看到身手矫健的人猿，利用树藤在森林中荡来荡去。那些树藤是什么？它们真能够支撑一个大人的体重，而不会中途断掉，让人猿泰山摔下来吗？

读者们大概从来没有看过人猿因树藤断裂而摔跤。事实上，那些树藤也不会轻易就断裂，因为它们大都是多年生的木质藤本，非常强固坚韧，即使是一两百公斤重的人猿，也难不倒它们。

此外，树藤也可能是树木的气生根，或草质的藤本。气生根也很强韧，但很可能因长度太短而不能荡得很远；草质藤本则较纤细脆弱，只能供小猴子荡，泰山是不会笨到连这种藤都分辨不出来的。

台湾鱼藤的蔓藤茎十分粗壮，承受成年人的体重绝无问题。

猪笼草为什么能捕捉昆虫？

猪笼草是肉食性的植物，许多爱种花的朋友都看到过，也都知道它捕虫的习性；可是，猪笼草根本不会移动身子，它也没有鲜艳漂亮的花儿来吸引昆虫，凭什么会有猎物自动上门呢？

许多人以为猪笼草捕虫囊上方的盖子是有作用的，昆虫只要爬进袋囊里，那盖子就会往下盖，猎物自然就跑不掉了。其实不是这样的，所有袋囊的盖子都只是用作装饰而已（顶多只是遮挡一点雨水，以防消化液被稀释），根本不会往下盖。昆虫由于受到捕虫囊口缘的蜜汁吸引，一面吸吮着蜜汁，一面走向滑溜溜的捕虫囊内侧，终于死路一条，因为囊中老早就有消化液在等着它，黏黏滑滑的，又带有酸性或碱性，它越挣扎越糟糕，自然只有溺毙和被消化的结局了。

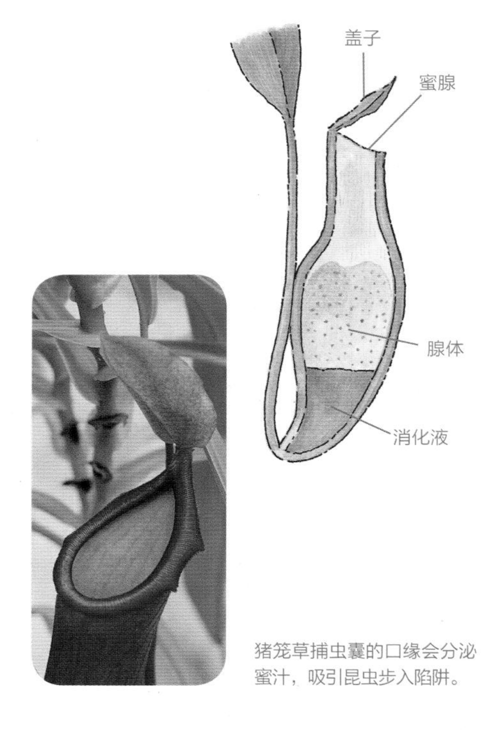

猪笼草捕虫囊的口缘会分泌蜜汁，吸引昆虫步入陷阱。

猪笼草本来就有捕虫的本事，也能进行光合作用，被人类栽培后，更有充足的养分供应，不会有捕不到虫而挨饿的问题。

猪笼草会挨饿吗？

有很多人曾经有过这种经历：从花市里买回猪笼草盆景，摆在阳台边已经好几个月了，却不曾见过它吃下一只虫子，虽然植株看起来还是绿绿的，但是好担心它会挨饿！

猪笼草是不会饿肚子的，因为它自己具有叶绿素，即使没有昆虫吃，它自己也能制造养分，维持生命。所以说，除非我们既不施肥，也不浇水，更不给它适量的阳光，否则它是不会挨饿的。

长叶茅膏菜利用枝叶上的腺毛抓到了几只蚊子。

食虫植物对人有没有害？

食虫植物以动物为捕食对象，可以消化和吸收动物蛋白。这种捕食行为对我们有没有什么害处呢？你曾经思考过这个问题吗？

食虫植物虽然具有食肉的特性，但是它们捕捉的动物仅限于小型动物，大部分是一些小型的蜂类、蝇类、蛾类和蚊类。只有极少数较大的猪笼草，才能够捕捉稍“巨型”的动物，如小鸟、青蛙、小老鼠等。再大的食虫植物，对人类来说也只不过是小巫见大巫，构不成威胁，人类只要一举手或一抬脚，就可以将它们摧毁了。所以说，食虫植物对我们不但没有害处，而且可供观赏和研究！

瓶子草充其量只会抓小虫而已，不至于对人类产生威胁。

植物对人有害吗？

相思子的种子有鲜明的红黑对比，非常好看，但是含有剧毒。

恒春皂荚具有尖锐的硬刺，若不小心就会被刺伤。

自古以来人类的衣、食、住、行就依赖植物，甚至在教育和娱乐方面也离不开植物，因此，植物可以说是我们真正的衣食父母，对所有人类来说，植物真是太万能、太可爱了。

然而植物对人类也并不是有百利而无一害，许多有毒的植物如漆树、孔雀椰子及一品红的汁液等，会使人的皮肤发痒，甚至起红疹子，非常难受；夹竹桃、相思子及鱼藤等，一旦被幼儿误食，很可能会丧命；玫瑰花、柚子、恒春皂荚、露兜树及蓟类植物等，都具有尖刺，我们一不小心，就很可能会被刺伤流血，不可不留神。此外，还有少数植物会发出臭味，也算是对人类有害的例子，只是没那么严重罢了。

"咬人猫"为什么会咬人？

你听说过"咬人猫"（学名荨麻）吗？它是一种很特殊的植物，喜欢长在凉爽阴湿的山野，而且经常成群成片，在登山步道的两侧大量繁殖。人们只要一不小心，或者走路时习惯乱抓身边的草木，就很可能被它"咬"上一口，顿时又痛又痒，非常难过呢！

既然是植物，那荨麻凭借什么"咬"人呢？"咬"过之后，为什么会让人那么痛苦呢？原来，荨麻的茎、叶及叶柄上都长满了刺状的腺毛，只要你侵犯它，腺毛就会刺你一下，并把一些类似蚁酸的物质送进皮肤内，自然就会让人又痛又痒了。还有一种"咬人狗"也会"咬人"，所以说，从小养成不随意攀折花木的习惯，是相当重要的。

荨麻的茎、叶和叶柄上长满了腺毛，摸了它，保证让你又痛又痒。

荨麻的穗状花序生于叶腋，花朵十分细小。

外来的植物要加以消灭吗？

最近几十年来，由于交通的便捷，国际和地区间的交往日益密切，许多植物被人们带进带出，也有不少花草的种子随着货物的进口而溜进来。这些被人携进或自己“偷渡”进来的植物，有些能够很好地适应本地的水土，到达新环境之后，便逐渐拓展地盘，甚至将本地原生的植物赶走，造成喧宾夺主的现象。对于这样的外来悍客，我们是不是要通通赶尽杀绝呢？

答案应该是不一定，而且做法要务实些。如果外来植物会造成生态的不平衡或对人类、牲畜等形成危害，那么酌量加以铲除是必要的；如果外来植物只是美化或绿化了荒野的角落，并无其他明显的害处，那么就让它们继续存在吧！

来自英国的新品种美女樱纤细美艳，是花坛中常见的外来花卉。

外来的凤眼莲虽然花形美丽，但若繁殖过多、过快，容易阻碍水道的畅通，可以酌量铲除。

什么是“归化植物”？

经常阅读关于植物的课外书籍的读者，可能会在某些书上看到“归化植物”这样的名词，你了解它的意义吗？

“归化”这两个字和人的国籍有关，如果放弃原来的国籍，重新加入另一个国籍中，就是归化。把这个名词应用到植物身上，如果某一个地区的植物因为引进、偷渡或无意间被人类带到另一个地区去，并且能在新的地区一代又一代地自行繁衍下去，那么对新的地区而言，该种植物便是“归化植物”。

与人类归化不同的是，“归化植物”在它的原产地仍然到处繁生，并不会因为找到新天地而放弃老地盘。台湾地区也有许多“归化植物”，读者们知道有哪些吗？

马缨丹已适应台湾地区的气候与环境，成为常见的蜜源植物，是蝴蝶和蜜蜂时常造访的对象。

天人菊大量“归化”在澎湖各岛以及南台湾滨海地区。

牛膝菊是耕地上的“归化”野草，为了农作物生长，应大量除去。

漂亮的肿柄菊也是“归化植物”，在秋冬展露娇颜。

大波斯菊早已“归化”，在台湾地区的中海拔野地上十分常见。

动物必须依赖植物才能生活吗？

动物有肉食性、草食性和杂食性三类，草食性动物靠植物为生，那肉食性和杂食性动物呢？它们完全不吃植物吗？如果没有花草树木，这两类动物能够生活下去吗？

自然界的生态是有互动关系的，所有生产者、消费者和分解者彼此都有直接或间接的关系。也就是说，肉食性的动物虽然不直接吃草或树叶，但是它们所捕食的动物，却往往是草食性的，如果草原消失了，这些草食性动物便会挨饿，甚至死亡，肉食性动物自然也会跟着遭殃。

杂食性动物呢？情况应该也是一样的，如果植物通通不见了，那么它们赖以为生的草、树或草食性动物也会逐渐消失，日子一久，它们当然也会没命的。所以说动物必须依赖植物才能生存下去。

肉食性动物如猎豹，以草食性动物为食，等于间接以植物为食。

草食性动物直接以植物为食，要是植物消失了，草食性动物便会挨饿以致死亡。

植物重要还是动物重要？

植物和动物是地球上多彩多姿的生命体，各自扮演着不同的角色，读者们有没有想过，这两类生命究竟谁比较重要呢？

如果不仔细思考，答案可能会因读者个别的喜好而有不同，可是冷静地想一下，结果应该就不一样了。不论那一种动物，几乎都必须直接或间接地依赖植物才能维持生活。植物是食物的供应者和氧气的制造者，动物则全是消费者。世界上如果没有植物，所有动物都将走向灭绝之路；可是如果没有动物，植物应该还是可以活得好好的。

当然了，地球上如果没有动物，整个生态系统将显得宁静而缺少活泼感，所以在某些方面，动物还是蛮重要的，对不对？

动物让生态系统充满活力，显得活泼可爱。

植物进行光合作用制造氧气或养分，供养地球上的各种生物，如果没有植物，动物将会灭亡。

杂草是不是一点用处也没有？

杂草指的是在耕地或庭园、路旁自行生长的植物，它们因为经常跟农作物争取养分，又因生长迅速，老是在庭园里四处蔓延，影响景观，所以被认为是讨厌的东西，并被通称为“杂草”。

杂草真的一无是处吗？它们对人类毫无贡献吗？答案当然是否定的。所谓天生我材必有用，这句话对杂草也说得通。有不少生长在田边或路边的野花，是民间常用的草药；战乱或荒年时，农作物不够吃，某些杂草自然就成了禽畜乃至人类最好的食物来源；不少杂草还可提炼染料，制造杀虫剂、煮清凉茶、提供纤维等。最起码，杂草可充当绿肥或堆肥等，对保持土壤的肥力，有相当程度的贡献。

野生的台湾银线莲是著名的草药，药效颇有口碑，现已有人工栽培。

桂圆菊虽是田野间或马路边的杂草野花，但是花朵漂亮，造型特殊，又可入药。

蜜蜂只采花蜜吗？

大家都知道，小蜜蜂会在各种花朵间来来去去，它们除了忙着采集花蜜之外，还会从花朵上带回什么呢？

蜜蜂在花朵间穿梭忙碌，除了寻找甜甜的蜜汁之外，还有一个重要目的，就是采集花粉。对蜜蜂的族群来说，花粉的重要性甚至超过花蜜，因为花粉中含有大量的蛋白质、氨基酸、维生素等，工蜂将它采回蜂巢后，必须靠它来喂养幼蜂，培育蜂王，酿成蜂蜜。如果没有植物的花粉，蜜蜂几乎不可能生活下去，这一点读者们大概没有听说过，对不对？

蜜蜂喜欢在瓜类、玉米、水稻、栗树、葡萄、梨树等植物的花朵上采集花粉，有机会时，大家不妨仔细观察。

飞舞穿梭于花朵间的蜜蜂除了寻找花蜜之外，也会采集花粉。

蜜蜂喜欢在各种植物枝头访花采蜜，小蓝莓的花也是蜜蜂光顾的对象。

蜜蜂会蜇花朵吗？

蜜蜂经常在各种花朵之间飞来飞去，它们会不会冷不防地给花朵蜇上一针呢？

答案当然是否定的。蜜蜂绝不会那么傻，它们只有在被攻击，或觉得有危险的时候，才会动用螯针来进行自卫。另外，蜜蜂还讨厌黑色的东西，对酒、蒜、葱等气味特殊的物品也不喜欢，它们认为黑色的东西和散发怪味的物品，是具有危险性的，所以很可能会发动攻击。

而花朵几乎没有黑色的，也没有蜜蜂不喜欢的怪味，因此蜜蜂不可能会去蜇花朵。它们光是采蜜和搜集花蕊上的花粉粒，就已经够忙的了，哪有时间跟自己的恩人过不去呢？

青枫的花朵极小，但是蜜蜂采收花蜜的技巧非常纯熟，它轻盈地飞舞其上，一点儿也不受影响。

蜜蜂不但不会蜇花朵，还会为花儿传粉。

哪些动物会传播花粉？

大家都知道，蝴蝶、蜜蜂、蛾及蜂鸟都会找寻各种花朵去采蜜，顺便也将各种花粉带过来、带过去，无意间替植物完成授粉的工作。除了上述动物之外，还有哪些动物会替植物传播花粉呢？

最常见的例子是蚂蚁。各式各样的蚂蚁也都喜欢吸吮蜜汁，它们几乎整日不停地在花朵间游走穿梭，因此，传播花粉的效率比蝴蝶、蜜蜂等高多了。另外，各种甲虫如金龟子、天牛等，也会吸食有甜味的东西，所以自然也能帮忙传播花粉；甚至连哺乳动物中的蝙蝠、小型老鼠等，也会因为喜欢舔食花蜜而将花粉携来携去，四处传播。

翩翩飞舞的蝴蝶是花粉的主要传播者。

洁白的栀子花用鲜明的颜色与扑鼻的香气吸引昆虫前来。

鸟类吃的植物，人也可以吃吗？

登山野营时，许多人难免会碰到食物带得不够或者在山中迷了路，以至于必须找寻野菜野果来充饥的状况。就在森林里寻觅野菜的时候，如果看见鸟儿正在吃某一种植物的果实甚至枝叶，我们是不是可以跟着采来吃呢?

鸟类虽然也是脊椎动物，但它们毕竟不是哺乳类，所以在食性上与人有较大的差异。举个例子来说，它们能吃毛毛虫、蛾、蝶等，而且顺利地消化吸收；而我们呢，就算敢吃，恐怕也不一定能顺利消化。所以说，鸟类所吃的植物，虽然人类很可能也可以拿来果腹，但是为了确保安全，最好还是先用舌尖少量尝尝，如果没有强烈的刺激性味道，就可以吃一些，不过，同一种野菜野果还是不要一次吃太多，而且熟食比生吃安全多了。

悬钩子类的成熟果实酸中带甜，是人鸟共同的美食。

罗浮柿的果实，也是野鸟的佳肴。

榕树类的果实鸟类爱吃，人类也能吃。

如何辨别有毒植物?

许多植物的根、茎、叶内含有植物碱、毒蛋白等有毒物质，不能随便吃进嘴里，甚至不能随意去抚摸，否则很可能中毒受害。

在登山、野外宿营、荒年甚至战乱的时候，我们往往必须仰赖野生的植物为生，究竟如何辨认有毒的植物，才能够趋吉避凶，乃是人人都应该具备的常识。

首先，你可以采一小片枝叶，放在舌尖，若有强烈的刺激感，就赶快吐掉并漱口；对于有乳汁的植物，除非是你熟悉的菊科、桑科等植物，否则不要去碰触；草食性哺乳动物吃过的植物，我们可以吃；不熟悉的菇类或从来没见过的植物，也不要轻易去品尝！不过同一种植物最好不要一次吃太多，以免消化不良。

有毒植物遍布在我们周围的生活环境中，如果不会辨认，那么幼儿、小孩或大人都可能受害；有毒植物也生长在山林里，如果因迷路、天灾等必须吃植物才能活命，如何辨识植物是否有毒，就成为重要的课题了。

用舌尖尝试吃野生植物，若有强烈的刺激感，要赶快吐掉并漱口。

台湾海芋有很强的麻辣味，提醒觊觎它的人们不可轻易尝试。

常见的爬藤植物软枝黄蝉，花虽亮丽，但全株有毒，尤其是枝叶中的乳汁，千万不要随便触摸或误食。

有乳汁的植物都有毒吗？

许多剧毒的植物如夹竹桃、海杧果、黄花夹竹桃等，都含有雪白的乳汁，因此有不少人对带有乳汁的植物深怀戒心，甚至连碰都不敢碰一下。所有会流出白色汁液的植物都含有毒性吗？

不见得，我们常吃的木瓜、番薯、莴苣、空心菜及经常接触的榕树、桑树、印度榕等，都是乳汁丰沛的植物。因此，乳汁并不可怕。

在植物界里，含有乳汁且有毒的植物，主要是夹竹桃科、大戟科、萝藦科等家族成员；无毒甚至可以食用的含乳汁植物则主要为菊科、桑科、旋花科、番木瓜科、山榄科等家族的成员。你只要好好地认识它们，自然就可以趋吉避凶了。

木瓜树有乳汁，但是无毒。

夹竹桃是乳汁丰沛的剧毒植物，全株有毒，甚至燃烧枝叶所产生的烟雾都会令人不舒服。

有毒植物是不是都碰不得？

有毒植物就是让人畜误食或碰触之后，会产生各种病痛甚至死亡的植物。这么可怕的东西，是不是我们连碰都不能碰呢？

当然没有那么严重，植物对人畜造成毒害的情形很多，有的必须吃了以后才会造成伤害，例如相思子、大花曼陀罗等；有的则必须碰到汁液才会引起皮肤红肿、发痒等。况且许多植物是某些部分有毒，其他部分则无毒，对无毒的部分自然是可以碰触的，不用过度担心害怕。

有毒植物其实并不可怕，因为它们不像毒蛇或蝎子一样会主动攻击我们，所以只要大家稍微下点儿功夫，多去认识和了解，就不至于对每一种有毒植物害怕得连摸都不敢摸了。

粉红苞一品红虽有毒，但摸摸枝叶没有关系。

台东漆等漆树科植物的树枝、果实和汁液有毒，最好不要去碰触。

薏苡的果实外壳也具有毒性。

人类可以培养出新的植物吗？

很多人相信，所有植物和动物都是上帝创造出来的，人类根本不可能创造新的生物。这种观念完全正确吗？

人类虽然还不能凭空“捏造”出各种生物，但是经过杂交和基因的重组、转植等技术，却能够将现有的生物加以“改装”，使新的品种产生。这些新品种有的能结出巨大的果实，有的能开出艳丽的花朵，对品种的改良和农产品的增产，都有莫大的帮助。

最近，遗传工程学家还成功地将不同植物的不同基因组合在一起，所以将来很有可能在香蕉树上结出苹果，在木瓜树上长出葡萄等。这将是很有趣的科技表现，只是会使生物世界有点混乱。你希望它发生吗？

黄皮西瓜是人工培育出来的新品种西瓜。

第3章
蔬果趣味 Q&A

蔬菜都是绿色的吗？

蔬菜，尤其是鲜嫩的叶菜类，一般都是绿色的。有非绿色的蔬菜吗？读者们能举出多少例子呢？

其实，叶菜、茎菜、花菜和果菜都有非绿色的种类。叶菜类的例子有紫苏、红凤菜、红苋菜、紫包菜等；茎菜类有红球茎甘蓝、莲藕、马铃薯等；花菜类有花椰菜、金针花等；果菜类则有茄子、南瓜、菱角等。

绿色的蔬菜含有大量的叶绿素、维生素和矿物质等；非绿色的蔬菜也含有胡萝卜素、淀粉及其他营养物质。两类蔬菜都是维持我们身体健康所必需的，因此，平常就应该多多摄食，绝不可偏爱或根本不爱哪一类。

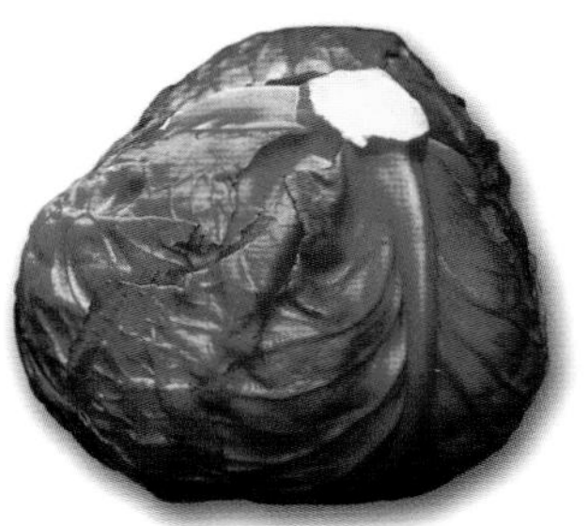

紫甘蓝既营养又美味，也由于颜色鲜艳，摆在色拉盘上往往令人食指大动。

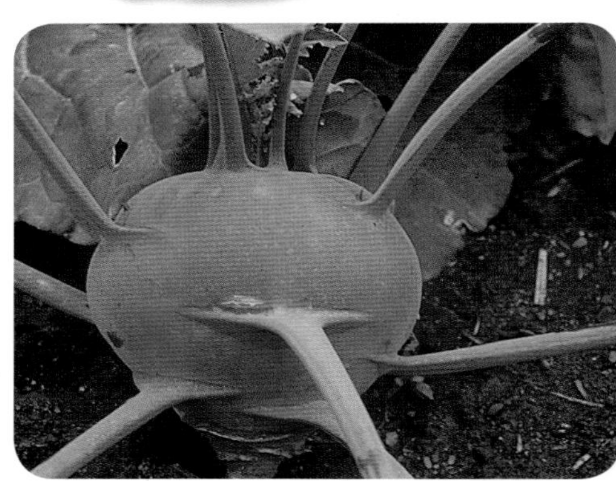

红球茎甘蓝的球茎有鲜艳的外皮，与常见的绿皮球茎甘蓝不一样。

具有香气的紫苏茎叶也是紫红色的。

绿色蔬菜是什么？

最近几年，许多市场都纷纷推出“绿色蔬菜”来招揽顾客，一般的反应都不错。究竟绿色蔬菜是怎么种出来的，你知道吗？

绿色蔬菜是利用防虫网、温室及各种化学肥料栽培出来的蔬菜。菜圃里一方面隔绝了各种害虫，另一方面则舍弃了有机物肥料（如动物的粪便及鱼骨粉等），所以不必使用农药，就可以让蔬菜长得又肥又大又干净，这就是名副其实的绿色蔬菜。

另外，某些蔬菜类（如佛手瓜、落葵等）的藤蔓或嫩茎叶，可以远离地面生长，也几乎没有虫儿喜欢吃它们，所以，同样可视为绿色蔬菜，读者们不妨多选购。

落葵是市面上常见的绿色蔬菜，肥厚的叶片炒起来爽嫩可口。

架网种植绿色蔬菜可以避免虫害，减少农药的使用。

墙角下为什么会长蔬菜？

有时候，我们可以在住家的墙角下，发现不请自来的香菜、苋菜、小白菜等蔬菜，它们是怎么来的呢？

以上的几种蔬菜目前都没有野生的，但是它们的种子很可能会跟着雨水、大风或者泥土而散布到各个角落，也可能混在各种花卉的种子中而被播撒在庭园中，再经过蚂蚁、风雨等的搬运而落脚在墙角，并在那儿发芽、成长，甚至顺利地开花结果，成为令人意外而欣喜的“不自然”现象。如果住家附近有菜园，那么这种现象就更可能发生了。

除了上述蔬菜之外，其他如九层塔、葫芦、丝瓜、南瓜等，也都有“随处生长”的现象，大家注意过没？

在住家院子里自生的苋菜，采来吃也一样可口。

墙角下的香菜开花了，纤柔的白色花朵不因瑟缩于墙角而失色。

玉米笋是玉米的哪个部分？

玉米幼小的果穗挂于叶腋，上头还有红色的小须须，像戴了一顶有垂穗的小帽，看起来很可爱。

玉米笋嫩嫩脆脆的，炒起来相当好吃，究竟它是玉米的哪个部位，读者们说得出来吗?

玉米笋并不像竹笋一样，由植株的地下部位长出来；也不像茭白一般，是一种病态的茎。大家如果能亲自栽种玉米，观察它开花结果的过程，谜底就可揭晓了。

玉米笋是玉米幼小的果穗，也就是刚开的玉米雌花穗。将层层的外皮剥去后，只剩下花序轴、少数的玉米须（花柱）及未成形的果粒，这就是所谓的玉米笋。当然了，拔起一根玉米笋，将来就会少一个玉米穗，除非大量种植，否则主人是不会轻易采收玉米笋的。

玉米笋是玉米幼小的果穗，清炒、炖汤都相宜。

玉米的须须是什么？

当我们剥开玉米苞片，准备水煮或火烤的时候，一定可以发现一大堆须须覆盖在玉米粒上，这些须须是什么？它们为什么要覆盖在玉米粒上？是为了保护玉米的种子吗？

看过玉米开花的人都知道，玉米是一种雌雄异花的植物，雄花高高地开在茎的顶端，雌花则开在茎部中央的节上，不过只露出成簇的须须。如果我们详加观察，就可以发现，雄花的花粉会掉落在须须上，不久之后，玉米穗就长成了。

原来，须须就是玉米的花柱，它的主要任务是接受花粉，使胚珠受精，以便结成果实，并不是用来保护玉米粒的。

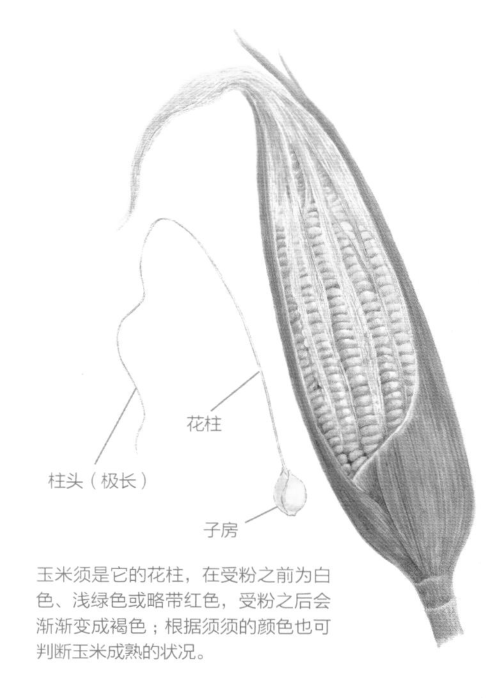

玉米须是它的花柱，在受粉之前为白色、浅绿色或略带红色，受粉之后会渐渐变成褐色；根据须须的颜色也可判断玉米成熟的状况。

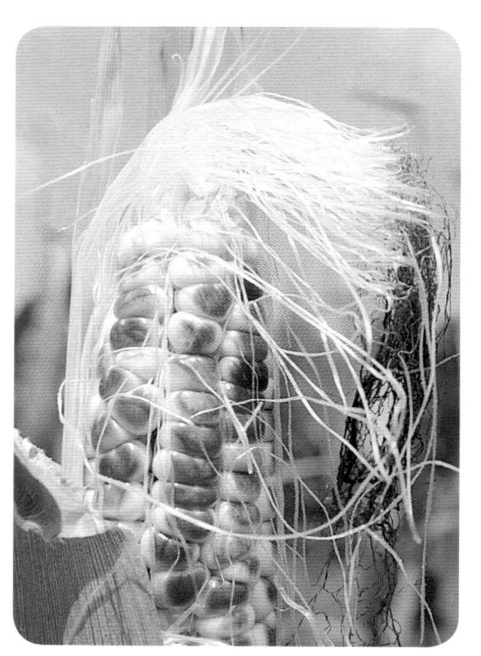

玉米的须须是雌花的花柱，并不是保护玉米粒的构造。

须须有时是黄绿色的。

豆类植物都是爬藤的吗？

花生不但有蔓性的品种，也有直立性的品种。

直立性的四季豆，个头不高，不需要竹架支撑。

我们常吃的豆类蔬菜如豇豆、四季豆、棉豆、扁豆等，都会缠绕竹竿、树枝等物体向上攀爬。是不是所有豆类植物都有这种本领呢？

豆类植物是一个大家族，它们当中有木本植物，也有草本植物。木本种类中有直立性的乔木或灌木，也有茎枝强韧的藤本植物；草本种类中除了到处攀爬的蔓性植物外，当然也有直立性的品系。

我们熟悉的红豆、绿豆、大豆、花生、蚕豆等食用豆类，都是直立性的豆类植物；而四季豆、荷包豆等更特别，它们不但有蔓性的品种，也有直立性的品种。植物大家族里的成员可说是人才济济，各种模样和特性都有，真令人叹为观止！

蚕豆和蚕有关吗？

蚕豆是一种豆粒很大的豆类植物，用它的种子制成的蚕豆酥、蚕豆花、炸蚕豆等，都相当可口，读者们大概都吃过，可是大家知道它为什么叫蚕豆吗？

蚕豆名称的来源和它的豆粒没有关系，各位如果看过它的果实，大概就会明白了。它的成熟豆荚呈略扁的圆筒形，末端稍尖，模样就像昂起头来准备蜕皮的大蚕，难怪当初的命名者会以蚕来为它命名。

蚕豆是一年生草本植物，冬季开花，初春结果，每一条像蚕的豆荚内有 2 至 4 枚种子。耐人寻味的是，每一棵健壮的植株可开约 300 朵花，却只有 1/5 左右能结出豆荚，1/10 左右能采收种子，然而花开得那么多，是不是有点浪费呢？！

蚕豆开花率虽高，但结果率却低。

蚕豆的豆荚肥肥短短的，末端稍尖，像昂着头的蚕宝宝。

毛豆的种子是绿色的，家庭主妇或厨师们常用它来为菜肴配色。

毛豆的豆荚上密布细毛，毛豆之名由此而来。

毛豆是什么豆的种子？

到餐厅里吃饭，服务员常常会在上菜前端出一碟碟的小菜，其中往往有毛豆，许多大小朋友都很爱吃，家长们也会鼓励孩子们多吃，因为毛豆的营养很丰富。

究竟毛豆是哪一种豆类，大家知道吗？二三十年前，市面上或餐厅里很少有毛豆供应，但是近年来一方面由于进口及栽培量增加，另一方面则因为人们了解了它的高营养价值，所以普遍食用，自然就很容易买到、吃到了。

毛豆其实就是尚未完全成熟的大豆（也叫黄豆），当种子已经充实饱满，但还没有变硬、变黄时，就赶紧采收豆荚，取出种子，即为毛豆。那豆荚上的茸毛，便是为毛豆命名的依据。

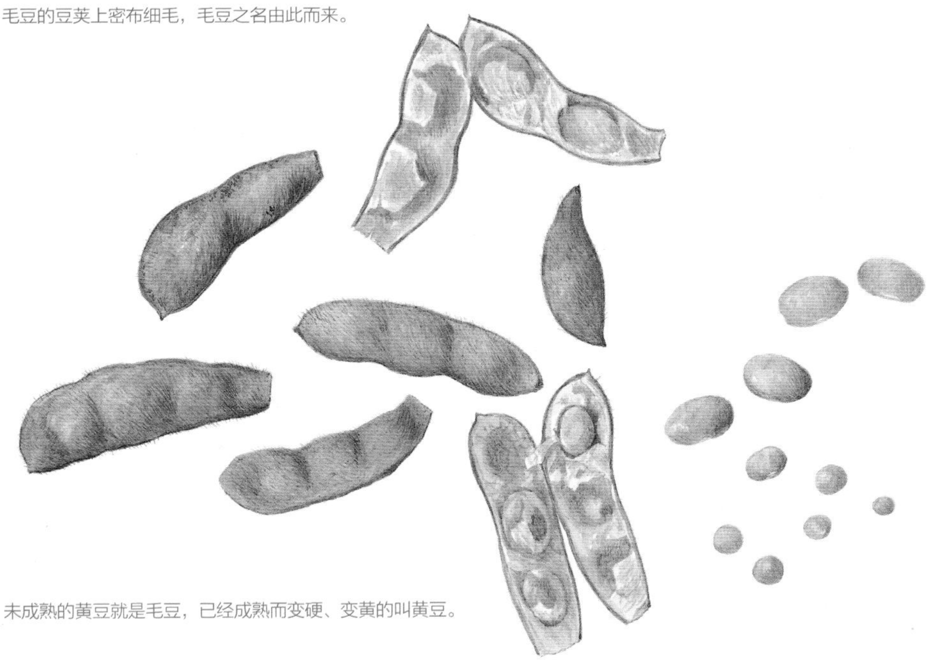
未成熟的黄豆就是毛豆，已经成熟而变硬、变黄的叫黄豆。

煮过的豆子为什么不会发芽?

用水煮过的花生、大豆、蚕豆、绿豆等，虽然外表没有什么明显的变化，但是将它们播进土壤里，给予适当的发芽条件，它们还是无法发芽，这是为什么呢?

煮过的花生吃起来甜美可口，但是如果拿去播种，就不会发芽了。

简单地说，煮过的豆子都死了;进一步说,则是种皮失去活性，里头的酶被破坏，无法分解胚乳中的养分；而胚芽的分生细胞也都停止生长了。这些现象总结起来，使整个种子对空气、水分和温度完全失去反应，当然只有长期静悄悄的喽!

许多具有坚硬种皮的种子被煮过后再晒干，就跟未煮过一样，看起来充实饱满，却永远不会发芽了。

煮过的蚕豆外表可看到种皮已破裂，但是已无繁殖能力。

丝瓜卷须可以缠住什么？

每当夏季来临，丝瓜藤就会大量出现在乡村、农田或小城镇的民宅院子里。

丝瓜是一年生的藤本植物，借着卷须到处缠绕攀爬，如果没有卷须，那它就只能在地面上匍匐前进了。

丝瓜的卷须可以说神通广大，法力无边。它不但可以轻易地缠住任何细细长长硬硬的东西，而且可以缠住叶片，将宽阔的叶子卷成圆筒状，再依附其上使劲地往上爬。最令人觉得不可思议的是，有些卷须的末端带有黏性，能黏附在木板、木柱上，好让藤蔓有着力点，继续伸展攀爬。

丝瓜卷须敏感度很高，只要遇到可以缠绕的东西，就会毫不犹豫地卷绕上去。好好做个观察记录，一定很有趣呵！

丝瓜的卷须可缠住细绳，形成丝瓜棚。

丝瓜的卷须缠绕住其他物体，以支撑花朵和茎叶。

韭黄怎么种？

韭黄炒肉丝是大家都喜爱的一道名菜，韭黄的模样跟绿色的韭菜完全相同，可是为什么色彩呈鲜黄色呢？要怎么种，怎么管理，才能让韭菜变成韭黄呢？

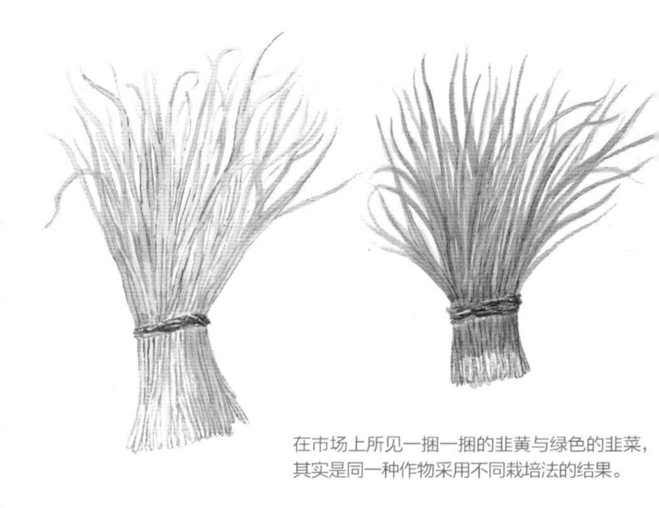
在市场上所见一捆一捆的韭黄与绿色的韭菜，其实是同一种作物采用不同栽培法的结果。

大家都知道，叶子之所以会变绿，必然跟光照有关，不论是太阳或是人工光源，都可以让植物的叶子因光合作用而呈现绿色；如果我们把阳光隔绝开来，并除去所有人工光源，那么叶片里的叶绿素就无法合成，叶黄素便使植物的叶子呈现出鲜黄的色彩来。栽培韭黄就是利用这个道理，先用竹片搭成支架，再以锡箔或铝箔遮光，只让水分渗透到土壤中，那么韭菜自然就成了韭黄了。如果将铝箔除去，韭黄不久后会再恢复为绿色的韭菜，读者们也可以试种看看。

白芦笋是怎么采收的？

市场里卖的芦笋有两种，一种是表皮乳白色的白芦笋，另一种则是表皮绿色的绿芦笋。白芦笋因为还埋藏在泥土中，没有接触到阳光，叶绿素尚未形成，所以挖出来时还未变成绿色；绿芦笋则因为已经钻出地面，嫩茎表皮里的叶绿素早就形成了，所以整个呈现绿色。

既然白芦笋隐藏在土壤里，那笋农要如何发现它们呢？难道是凭运气，随便在笋株旁挖掘？不是的，那样效率多低呀！有经验的笋农挖白芦笋是百发百中的，因为白芦笋在每天清晨太阳还没有露脸的时候，会从顶端溢出少量的水分，这少许水分会弄湿覆盖在它上面的沙土，笋农们“按湿索笋”，自然就万无一失了。

芦笋要是冒出土后就成了绿芦笋，口感和白芦笋不一样。

还没有冒出土就被挖掘出来的白芦笋长得又白又嫩，看起来晶莹剔透。

芦笋喜欢生长在松软的沙地上。

丝瓜和棱角丝瓜有什么不同?

丝瓜是大家都很熟悉的蔬菜，传统医学认为它清凉退火，在炎热的季节里多吃多尝，好处多多。

目前市面上的丝瓜可以分成两种类型，一类是表皮平滑的圆筒形丝瓜；另一类是表皮有棱角状突起的棱角丝瓜（也叫澎湖丝瓜，因为澎湖种得最多）。这两种丝瓜除了果形之外，还有什么不同吗?

有的。圆筒形丝瓜在清晨开花，傍晚凋零，花朵较大，没什么香气；棱角丝瓜则在傍晚开花，深夜就急忙凋零，不过花朵有香气，以便吸引夜间活动的昆虫替它传粉做媒。

棱角丝瓜晚上才开花，授粉的媒介较少，所以最好能帮它做人工授粉，这样结果量才会高，果实也会比较肥壮。

俗称澎湖菜瓜的棱角丝瓜果实上有多条纵棱，称得上是有棱有角的瓜。

棱角丝瓜在傍晚盛开，图为棱角丝瓜的雄花。

扁蒲和葫芦是同一种植物吗？

呈腿状的瓠子，长相和葫芦、匏差很多。

在瓜类蔬菜中，有一种闽南语称为“蒲仔”的果菜，通常称为扁蒲，它跟身材玲珑的葫芦是同一种植物吗？如果不是，那它们又有什么关系呢？

扁蒲和蒲仔都是俗名，这种果菜的品种相当多，根据不同的外形，分别有不同的称呼。果形长筒状或腿状的称为瓠；圆形或梨形的称为匏；扁圆形的称为扁蒲；上下较粗而中间有细腰的就叫葫芦。所以说扁蒲和葫芦可以看成是同一种中的不同变种或品种，难怪它们的茎叶都一样，花朵（尤其是雄花）也几乎分不出来。

扁蒲的每一个品种都在傍晚时开出白花，隔天清晨便凋谢；幼果软嫩可食，熟果则坚硬无比，真是奇妙！

玲珑漂亮的葫芦挂在藤架上，有些为了祝贺用，外皮还刻上各种花纹和文字，十分有趣。

茼蒿为什么又叫打某菜？

每当天气变凉以后，人们就喜欢吃热腾腾的火锅，于是茼蒿就成了餐桌上的主角。茼蒿的滋味鲜美，几乎人人都百吃不厌。过去栽培还不普遍的时候，有人甚至不远千里托人买回来大快朵颐。相传古时候有这么一则故事：一名莽汉请朋友从远方带回一大包茼蒿，他兴奋地把菜交给妻子，期待着热热的佳肴上桌。没想到，当妻子把炒好的茼蒿菜端上来时，居然只有一小盘，莽汉不分青红皂白就把妻子揍了一顿，因为他认定是妻子偷吃了菜，否则怎会那么少呢？

其实不只是茼蒿如此，水蕹菜（空心菜）、莴苣等含水量高的蔬菜，下锅加热时，水分就会流失，炒出来就只剩一点点了！

茼蒿是我们吃火锅时的重要角色，它的茎叶含水量很多，炒出来往往会“缩水”。

常常一大把莴苣炒完只剩一小盘！

胡萝卜和萝卜是亲戚吗？

萝卜的花有四片花瓣，属于十字花科家族，通常开白色的花，但有时花朵会呈粉红色。

萝卜的四片花瓣组合起来很可爱，直径大约 1.5 厘米。

胡萝卜和萝卜都是大家熟悉的根菜类蔬菜，它们的外形相似，只是颜色不同而已，那么它们很可能是具有血缘关系的亲属？

答案是：不是！读者们是不是觉得很意外？

要鉴别植物之间是否具有亲戚关系，一定要观察它们的花，如果花朵的构造相同，那么这些植物九成以上是有血缘关系的；如果花朵的基本构造完全不一样，即使其他营养器官有很大的相似性，我们还是可以断定这些植物是没有亲属关系的，因为营养器官会随着环境而改变外形。

胡萝卜的花朵具有五片花瓣，花又小又多；萝卜的花具有四片花瓣，花朵较大而少，花蕊构造也跟胡萝卜不一样。所以说，它们并不是亲戚。

胡萝卜属伞形科家族，花又小又多，每一朵直径不到 0.5 厘米。

为什么莲藕有那么多的洞洞？

看过莲藕的内部构造吗？只要我们将买回来的莲藕横向切开，立刻就可以发现，莲藕里头有很多洞洞，跟茭白及其他蔬菜都不一样，这是为什么呢？

莲藕就是莲花的地下茎，它长在水底的泥泞中，那是个几乎没有空气流通的环境。莲藕为了呼吸，为了进行气体的交换，好让自己维持正常的新陈代谢，于是演化出多孔多洞的构造，使有限的空气能够在整个地下茎里流通，也使每一个细胞都能得到氧气供应，这真是求生的高招呢！

不只是莲藕，很多水生植物的地下茎或叶柄上也都有很多孔洞，它们存在的道理跟莲藕的洞是一样的。

莲藕是秋冬季蔬菜，煮汤、青炒、凉拌或熬成莲藕茶，都很受欢迎。

莲藕的内部有许多洞洞，是它的通气构造。

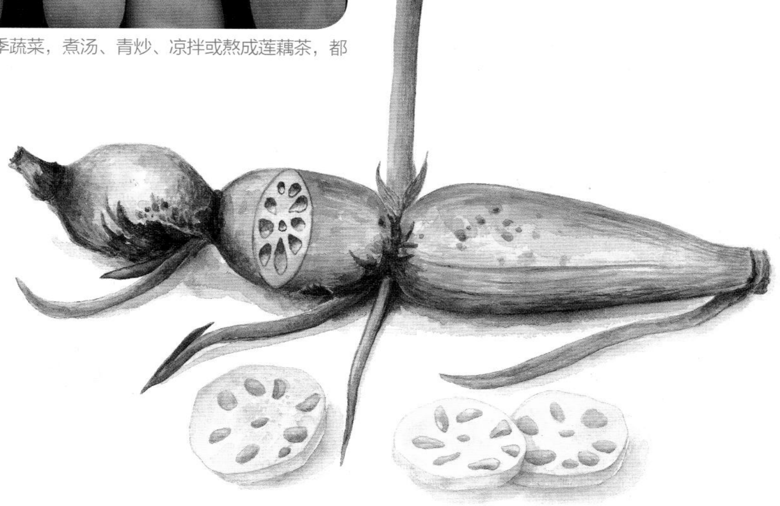

菱角长在哪里？

菱的果实剥开后就会露出粉白色果肉，煮熟后尝起来很鲜美。

菱的果实称为菱角，长在菱叶基部，两头尖尖弯弯，好似一个元宝。

每到中秋节前后，市面上就会有成堆的菱角贩卖，有新鲜的，也有煮熟的，有未剥壳的，也有除去外壳、只卖果肉的。

菱角是怎么结成的？“我们俩划着船儿采红菱”这句歌词有没有毛病？还有，为什么有些菱角吃起来粉粉的，有些却是水水的，读者们知道吗？

菱角是标准的水生植物，它的花开在水面上，白白的，花朵凋谢后，花梗往下弯曲，让子房在水面下结果。果实成熟前，果皮呈红褐色，如果这时候就采收，果肉由于含水量多，煮出来口感水水的，不好吃；等果皮转成黑灰色时，果肉含水量少，煮熟后自然就粉粉的，好吃多了。所以，采红菱，最好能改成采“黑”菱。

菱是浮叶型的水生植物，菱形的叶片浮在水面上，一片片展开宛如花朵。

茭白是什么？

茭白是夏天到秋天常见的蔬菜，白白嫩嫩的，炒起来相当好吃。它究竟是什么样的植物，读者们知道吗？

茭白跟竹笋或芦笋不一样，它并不是茭白的正常幼芽，而是一种被黑穗病菌寄生的病态茎。由于茭白又名菰，所以这种病菌就叫菰黑穗菌。

当茭白的幼茎被这种病菌寄生时，会变得又粗又短，好像笋一样；如果没有及时采收，那么菰黑穗菌就会产生一大堆孢子，使笋的内部产生黑斑并老化，再也没有食用价值了。要是茭白的幼茎内没有菰黑穗菌寄生，那么茎就会正常生长而抽穗开花，反而没有什么利用价值。因此，菰黑穗菌对我们来说，应该是一种有益的生物，对不对？

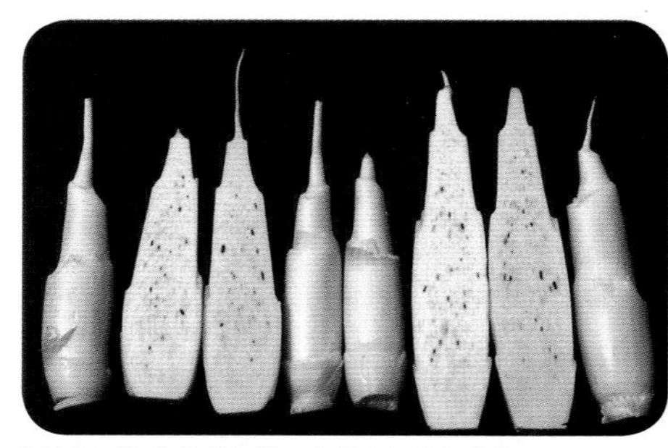

没有及时采收的茭白笋，内部会有黑斑（菰黑穗菌的孢子），就不好吃了。

茭白是挺水型水生植物，喜欢长在水田或沟渠里。

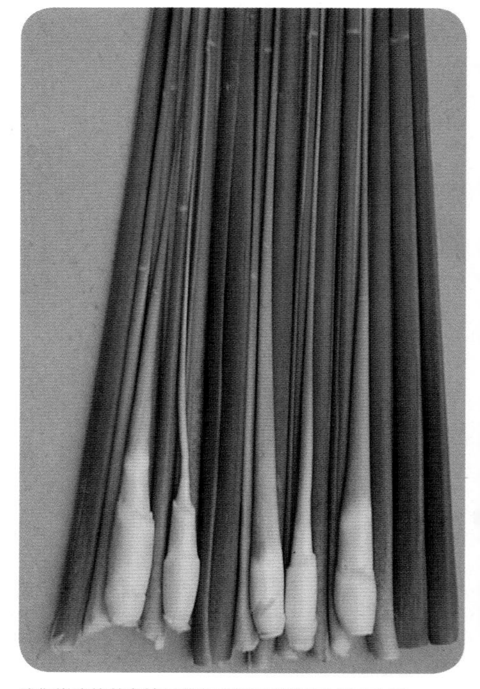

我们常吃的茭白笋是茭白被菰黑穗菌寄生的变态茎。

为什么竹笋长得这么快？

如果有人问你，哪一种植物长得最快？你大概会不假思索地回答：竹笋。可是，你知道竹笋为什么有一天长高几十厘米的惊人能力吗？

竹笋快速生长的秘密，可以由解剖学上的研究揭示出来。原来，竹笋的外壳里隐藏着许许多多的节，每一个节都有生长带，所有生长带都能快速地分裂，产生数不尽的新细胞。根据植物学家的统计，竹笋在一秒钟的时间里，居然可以分生出 9 万个新细胞，难怪能够一夜长一尺了。

下次有机会到乡下小住或者到竹林边露营时，不妨自己做做实验，测量各种竹笋的生长速度，看看哪一种最快，会很有意思。

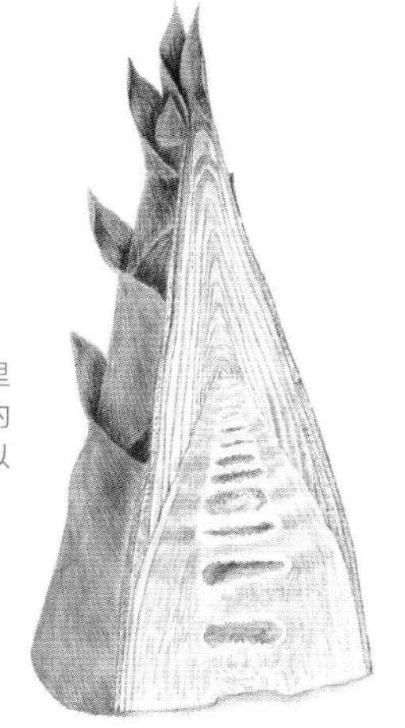

从竹笋的纵切面可见里头有许多节。每个节的上端都是生长带，可以进行细胞分裂。

竹子的茎没有形成层，因此不会长粗。笋有多粗，长成的竹子就有多粗。

绿竹笋生长快速，出土后很快就能长成竹子。

孟宗竹只出产冬笋吗？

“孟宗哭笋”是有名的孝行故事，孟宗竹也是台湾山区常见的竹子，读者们对它的了解有多少呢？

“孟宗哭笋”的时候是冬天，那时大部分的竹子是不长笋的；但孟宗竹天生喜欢比较凉爽的气候，所以在平地或低、中海拔山区的冬天，它都不会完全停止生长，因此仍能少量地发笋，只是笋的体积较小而已，我们称之为冬笋。

冬笋当然不是孟宗竹唯一的笋，孟宗竹的笋主要在春季发出，又长又壮，笋壳表面长了许多黑毛，跟常见的绿竹笋、麻竹笋不一样。孟宗竹的春笋可以长成笔直粗大的竹秆，一大片孟宗竹林真是迷人！

孟宗竹的春笋可以长成笔直高大的竹秆，用来制作民生用品或建筑材料非常方便。

孟宗竹主要在春季发笋，其外壳是黑褐色的。

由于冬天生长速度较慢，孟宗竹的冬笋往往较细小。

沙土里的花生是什么模样？

吃惯了花生糖、花生酱、花生酥以及各种花生食品，读者们可曾见过花生田？花生植株是什么模样呢？

花生在台湾宝岛算得上是常见的农作物，许多地区都有规模或大或小的花生田，因此要观察花生的生长情况，机会相当多，中南部及澎湖、小琉球岛上都很容易见到。

花生田通常都是干干的，土质疏松，有些田地甚至完全是由沙质细粒组成，跟种植一般农作物的土壤大不相同。为什么花生要种在这么松软的土地上呢？原来，花生在开花后，子房的柄就会不停地延伸，好让小果实在土壤中长大成熟，如果土质太硬，小果实就钻不进去，当然也就会发育不良了。多奇妙的现象啊！

花生的花开在地面上，果实却钻到土里面，十分奇特。

刚由田里拔起来的花生植株，可以看出花生着生于深入土中的子房柄上。

花生成长的过程（由右至左）。开花后，子房的柄就会不停地向下延伸，好让小果实在土壤中长大成熟。

葵花子是种子吗？

葵花子是我们常吃的零食，小小的，硬硬的，脆脆的，将外壳咬破，便能吃到里头的仁，这种构造跟西瓜种子做出来的瓜子是不是完全一样呢？

目前我们能吃到的瓜子应该有三种：第一种是黑黑扁扁的西瓜子，是用一种瓜子西瓜的种子制成的；第二种是白色、橙色或绿色的南瓜子，形状跟西瓜子差不多，但末端较尖，是用南瓜的种子制成的；第三种就是葵花子了，它的外形呈卵状，黑灰色，但带有白条纹，是向日葵结出来的。

葵花子外壳有白色纵纹，是向日葵的瘦果。

葵花子其实是向日葵的瘦果，不过因为果肉又干又瘦，果皮与种皮几乎合而为一，所以常被误认为种子。严格说来，我们吃下去的部分，才是真正的种子呢！

向日葵的花朵好看，果实好吃，可以说浑身是宝。

香菇、洋菇是如何冒出来的？

香菇和洋菇是我们最常吃的菇类，它们的模样像一把把圆圆的小伞，很特别，也很可爱。读者们知不知道它们是怎么长出来的，跟小花小草的生长方式一样吗？

香菇和洋菇都是低等的生物，它们用极微细的孢子来繁殖后代。孢子在阴湿的环境下萌发后，先长成细细长长的白色或茶褐色菌丝，接着菌丝快速地分裂增殖，并互相纠结而成菌丝体，菌丝体继续发育，并突出地面或腐木表面，形成圆柱形的菌柄和伞形的菌伞，菌伞下方是一圈褶皱的构造，将来会产生新的孢子。

所以说，香菇和洋菇的发育过程和小花小草是不一样的，初期的菌丝或菌丝体跟成熟的菌体一点儿都不像，有机会参观香菇或洋菇寮时，请大家务必看个仔细。

此外，香菇有野生的，也有人工栽培的。但是它不论生长在什么样的环境里，总是与腐烂的木头或木屑为伍，绝不会生长在活的枝干上，为什么呢？

香菇喜欢着生于枯树上，我们通常用锯下来的枫香木头做段木来种植香菇。

这是因为菌丝必须靠周围腐败的有机质供给养分，自己既无力制造，更无力去抢夺养料，所以在活生生的树干树枝上，它根本弄不到养分，当然也就无法生长了。

人工栽培的洋菇通常养在菇寮里，严格控制温度与湿度，以增加产量。

削芋头时手为什么会痒？

芋头是一种块茎，里头含有大量的淀粉，无论刨丝、切片或切块，都可做成美味的食品，喜欢吃芋头的人遍布各地。

然而，想享受芋头的美味，却也得忍受一些煎熬。不少人在削芋头皮的时候，手心沾到芋头渗出来的黏液，就会觉得奇痒难忍，这是为什么呢？有没有办法使手痒的情况迅速好转？

芋头的黏液里含有大量草酸碱，人的皮肤碰到它，就会有痒的感觉；不过只要你用火烤一下，或者以热水来洗手，让草酸碱很快散发或消失掉，就可立即消痒了。如果这种火烤、热水洗的方法都对你无效，那么只好戴手套了。

台北的金山乡以产芋头出名，此地芋头松软美味。

芋头喜欢生长于水边或潮湿之处，芋梗（叶柄）也可入菜。

吃菠菜真的能使人力气变大吗?

动画片里，大力水手每当碰到敌人或困难的时候，就猛吃菠菜制成的东西，结果力气大增，一举排除万难，击溃敌人。菠菜真有那么神奇吗?

根据营养学家的分析，菠菜含有大量的维生素A与维生素C，并有丰富的铁质，常吃可治疗贫血、便秘及胃肠疾病等，算是一种营养价值极高的蔬菜。然而无论它含有多少养分，绝对不可能一吃就见效，否则菠菜一定贵得不得了，甚至根本不用吃其他东西了。动画片为了追求戏剧效果，时常会夸大不实，读者们可不要深信不疑！妇女贫血吃菠菜煮猪肝，补血效果极佳；但是肾脏机能不好的人，则不宜多吃，以免因菜叶中的草酸与人体内的钙结合而导致肾结石。

菠菜富含铁质、维生素A与维生素C，是很好的蔬菜。

菠菜的根部粗大，常呈粉红色，配上绿色的菜叶，因而有“红嘴绿鹦哥”之称。

为什么西瓜含有大量的甜汁呢？

西瓜是人人都爱的清凉水果，它的果肉内含有大量的甜汁，叫人吃了浑身舒畅，真是老天的恩赐。

西瓜为什么会有那么多的甜汁呢？它天生就是这样的吗？还是经过育种学家改良以后，才有这种优点呢？

根据植物学家的研究发现，西瓜的甜汁应该跟它的生长环境有关。

西瓜的原产地在非洲南部，那是个高温、干燥而又缺乏雨水的地方。在这样的环境下，西瓜为维持生命，也为了让动物（包括人类）乐意为它散布种子，演化出多汁的果实，并将光合作用获得的糖类也一并储藏在果肉内。看来，西瓜还真是绝顶聪明呢！

西瓜的果实硕大无比，当然无法挂在藤架上，在西瓜田里常见它们一个个横卧在沙地上。

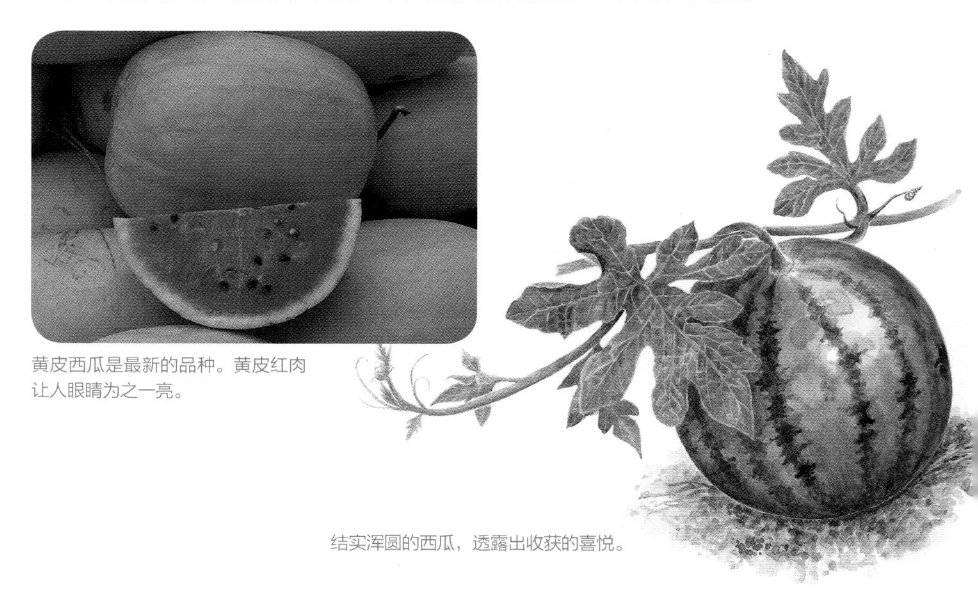

黄皮西瓜是最新的品种。黄皮红肉让人眼睛为之一亮。

结实浑圆的西瓜，透露出收获的喜悦。

九层塔的名字是怎么来的？

九层塔茄子、九层塔田螺、九层塔海鲜……许多菜在加进九层塔之后，变得芳香可口，让人越吃越爱吃，只因为它香气浓郁，能够掩盖令人不快的鱼腥味。

为什么把这种调味菜称为九层塔呢？这里面有一则感人的民间故事：相传古时候，有位勤政爱民的皇帝，经常下乡去探访民间疾苦。有一次，在他出巡的时候，正好碰到洪水泛滥，皇帝不得已，只好躲到一座破旧的九层宝塔上。当随从带来的东西都被吃光的时候，忽然发现塔顶有绿色的青草，就赶紧拔起来煮给皇帝吃。皇帝吃后大为赞赏，命令左右将草种带回大量栽培，九层塔之名也因此而来。

我们一般用来做佐料的九层塔有浓郁的香气。

九层塔的唇形花朵一层层开放，整个花序像一条花串。

为什么放了很久的洋葱还能发芽？

洋葱浓汤、洋葱炒蛋、洋葱炒肉丝等，相信读者们都吃过，而且整年都吃得到，对不对？

洋葱其实不是整年都出产的，它真正的产期是三四月间，其他月份贩卖的都是长期存放下来的储藏品，虽然不是很新鲜，但是跟刚采收的也差不了多少，所以一般人是不会察觉的。

为什么洋葱能存放好几个月而不会变质呢？这得从它的外表说起。洋葱是一种肥大的鳞茎，它的外表由一层薄膜保护着，鳞茎本身则像瓦片一样，一层叠一层，叠得又紧又密又实，里头的水分和养分很不容易挥发或流失，隐藏在最内层的胚芽自然不易受到损伤，因此即使放了很久，它还是能够发芽。

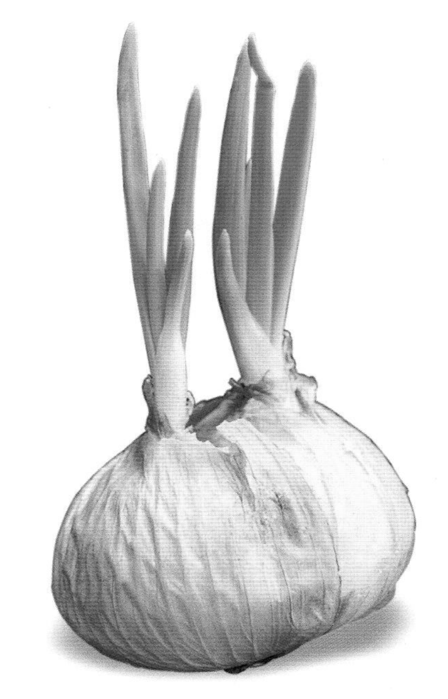

洋葱十分耐存放，即使久放仍有发芽能力。

在台湾，洋葱田常见于南部地区，以车城等地最为出名。

成熟中的西红柿为什么越来越红？

西红柿是一种蔬菜或水果，大家平常吃它的机会很多，可是大家有没有看过西红柿发育、成熟的过程呢？如果自己栽培，就可以好好观察记录了，有没有兴趣种几棵？

西红柿刚结出来时是绿色的，它会快速地长大，等不再增大时，果皮就一点一点地变橙、变红，直到整颗果实完全变为橙红或紫红，才会自果蒂处脱落。

红透了的西红柿垂挂于枝上，仿佛吸饱了阳光般灿烂。

西红柿结实累累，从最靠近茎的果实先红。

为什么西红柿的果皮会越变越红呢？这主要是因为番茄红素的关系。西红柿内部的糖类累积到相当程度后，会转变成巨大分子的番茄红素，这种大分子化合物越积越多，西红柿也就越来越红，好像变魔术一样，非常有趣。

什么是槟榔笋？

有时候，我们在某些餐馆里，可以吃到槟榔笋排骨汤这一道佳肴。槟榔笋究竟是什么东西？它跟竹笋、芦笋等有什么不同吗？

槟榔笋不是从地面上长出来的嫩芽，它长在槟榔树干的顶部，被称为天笋或半天笋，也因此基本上跟由地面冒出的竹笋、芦笋等是不相同的。

槟榔树干的顶部正是茎部的生长点，取下了槟榔笋，这棵槟榔树就不能再生长了。因此，槟榔笋一般都来自被台风吹倒的槟榔树，或者槟榔价格大幅下跌时的老株。槟榔笋来源不多，且必须除去层层的外壳，用刀削半天以后才可以得到，怪不得价格昂贵，且不太容易吃到。

槟榔的植株又瘦又高，根系又浅，最怕的就是台风来袭。

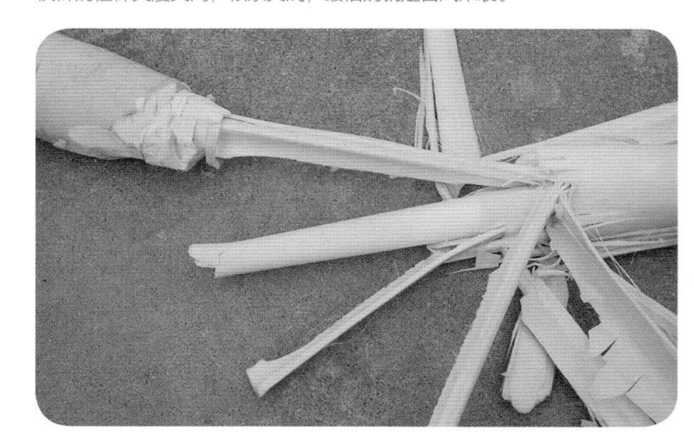

槟榔笋又叫半天笋，无论是炒肉丝还是炖排骨都很好吃。

甘蔗笋是什么？

甘蔗也有副产品——甘蔗笋，你听说过吗？

甘蔗笋绝大部分跟槟榔笋一样，也是长在半空中的“天笋”，不过有时候蔗农也会将幼嫩的甘蔗摘下来，当作美味的笋子吃，这种甘蔗笋就是由地面长出的“地笋”了。

在半空中的甘蔗笋，位于甘蔗茎部的末梢，蔗农在采收甘蔗后，将末梢用利刃切下来，剥掉几层外皮，就是可以下锅的嫩笋了。烹调的方法跟竹笋差不多，既可煮排骨汤、炖肉块，也可炒食，味道真是美极了。这种美味佳肴最早是拿来喂牛的，各位相信吗？其实草食性家畜——尤其是牛和羊，对甘蔗笋可是视为珍馐的呵！不信，可以找机会试试看！

削下来的蔗笋剥去外皮，经初步煮熟后就可以像竹笋那样烹饪。

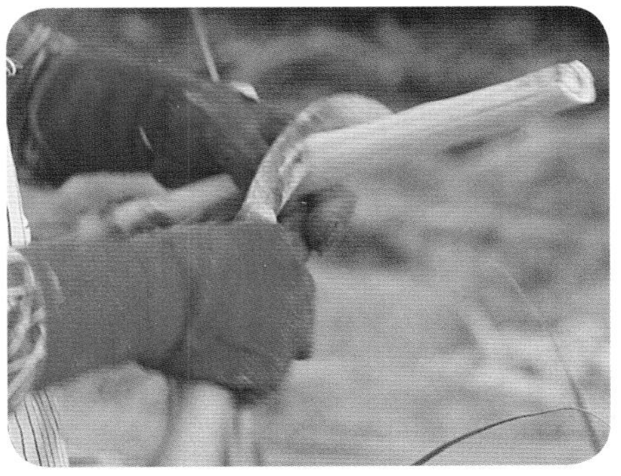

削甘蔗笋需要技巧还要戴手套，否则很容易被甘蔗叶锐利的叶缘割伤。

甘蔗笋是甘蔗的末梢，蔗农们既采收甘蔗又削取甘蔗笋，可以增加一笔收入。

甘蔗会开花吗？它如何繁衍后代？

甘蔗是读者们非常熟悉的农作物，主要分成两大类：一类是直接拿来啃食或榨汁饮用的红甘蔗；另一类是拿来制糖的白甘蔗。

红甘蔗是因茎部呈红褐色而得名的，白甘蔗则是因茎部淡绿或绿白色而得名。很少能看到植株开花的模样，是不是它们都不会开花呢？

当然不是，甘蔗是高等的显花植物，所以当然会开花，只是因为蔗农往往在甘蔗未开花前就采收了，我们自然不容易看到开花的情景。但住在台湾中南部的读者们应该看过甘蔗开花，因为甘蔗开花并不稀奇，尤其是用来制造砂糖的白甘蔗，经常花开满田，蔚为奇观。

两种甘蔗的花都开在茎顶，白白的，呈长长宽宽的穗状，有点像芒草花穗，但更白更大。由于甘蔗花不易结果，即使结果也因播种苗生长缓慢而不符合经济效益，因此蔗农是不会让甘蔗开花的。蔗农通常利用各种无性繁殖（非开花结果的繁殖方式）来帮它繁殖后代。

那么究竟如何繁殖呢？将甘蔗茎切成数小段，每段1至2节，节上要有1到3个芽；再把这些切段平摆在蔗田中，轻轻覆上一层土，按时浇水，不久芽就变成新的茎叶，接着新根马上长出，甘蔗的小苗也就诞生了。

白甘蔗开花了，它的花穗和芒草很像，只是更白更大，在阳光照映下闪闪发光。（左图）

甘蔗通常不用种子繁殖，而是利用腋芽繁殖。（右图）

龙须菜是什么？

最近几年，龙须菜可以说是声名大噪，很多读者也都耳熟能详，但究竟它是什么样的蔬菜呢？龙须菜就是它的本名吗？

其实有两种植物都叫龙须菜。一种产在海里，是一种海藻，它长得细细的，有很多分枝，是制作琼脂的好材料，很少直接煮来吃。另一种产在陆地上，是大家比较熟悉的，它原本叫梨瓜、隼人瓜、佛手瓜或香橼瓜，是典型的瓜类蔬菜，以前只吃它的幼嫩果实，但是后来有人发现它的嫩茎叶很好吃，又带有长长的卷须，所以为它取名龙须菜。这种陆生的龙须菜远离土壤，又少有病虫害，是标准的绿色蔬菜，大家不妨多吃。

龙须菜的幼嫩果实可以当作瓜类蔬菜，无论煮汤或炒食都相当鲜美。市场上可以买得到，我们常称它为佛手瓜或香橼瓜。

龙须菜的嫩茎叶好吃又少有虫害，是近来很受欢迎的蔬菜，常人工大量栽培以供市场需要。

利用发达的卷须可以攀爬于藤架或其他物体之上。

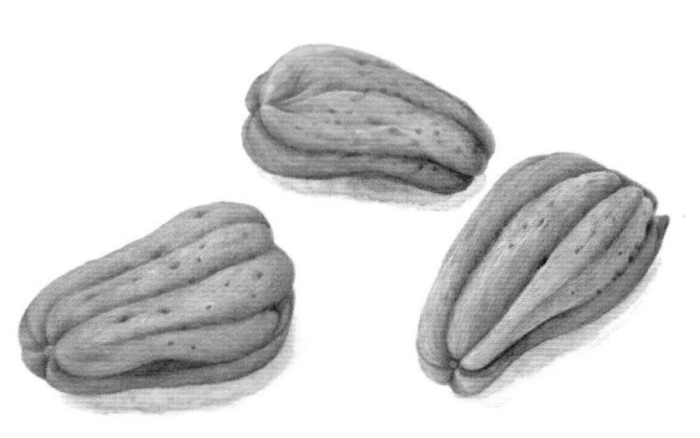

辣椒成熟后是不是都会变红？

辣椒是许多大小朋友都不敢吃的调味料，可是辣椒的样子、大小、味道等，读者们应该都相当熟悉。是不是每一种辣椒成熟以后都会变成红色呢？你想过这个问题吗？

辣椒有小的，也有大的；有短的，也有长的；有的圆圆钝钝，有的细细尖尖，种类相当多。最小的辣椒大约只有 1 厘米左右，最大的则有 15 厘米以上，重量更是相差不只十几倍。它们都开白色或略带淡紫色的花，幼果呈黄绿色、淡绿色或深绿色，但是成熟后都清一色地变成赤红色。即使大家最常吃的青辣椒（一般为青椒或甜椒），在成熟之后，也会由绿转红。你如果不相信，可以自己种几棵观察看看，结果一定会让你觉得很惊讶。

小辣椒成熟后会由绿转黄再转红，除了食用，观赏亦佳。

成熟的青椒也会变红，不过一般为了口感的爽脆，大都吃绿色的青椒。

鲜红的小辣椒，是佐料中的重要角色。

黄花菜在烹调前要除去花蕊吗？

黄花菜是大家都熟悉的花菜类蔬菜，市面上可以买到新鲜的，也可以买到晒干的。新鲜的适合炒食或煮汤，干品则适合炖排骨等。

人们在烹饪新鲜黄花菜的时候，常会不厌其烦地把花瓣剥开，除去内部黑黑的东西，为什么要这样做呢？不除去那黑东西不行吗？

黑色的部分是黄花菜的花蕊，更正确地说，是雄蕊的花药。花药里头藏的是花粉，花粉中含有蛋白质、糖类及矿物质等营养物质，吃下去对人体有好处。除去黑色的花药，纯粹是为了让煮出来的汤汁不会变黑，如果不介意的话，还是不要除去比较好，这样不但可增加营养，还可以省掉很多麻烦！

美丽的黄花菜有“中国的母亲花”之称。

黄花菜盛开时山野一片橙黄，其美丽比起百合或野姜花也不遑多让。

菜苗长了虫子怎么办？

许多同学从幼儿园开始，就有了播种的经验，进入小学后，便可能和家人一起种植小白菜、莴苣、西红柿等蔬菜，于是某些栽培上的问题就会一一出现，该怎么解决呢？

首先碰到的问题是虫害问题。许多叶菜类蔬菜如小白菜、卷心菜、芥蓝、青菜等，都是蝴蝶幼虫的美食，也是小蜗牛嘴下的佳肴，如果一两天不注意，菜苗便可能被吃得精光，甚至连影子都找不到。所以每天多巡视几回，夜晚再用手电筒照明，将贪吃的小蜗牛、蛞蝓等抓走，就可确保菜苗的安全了。绿色的菜虫没有毒，有毛的菜蛾幼虫可用竹竿拨掉，小蜗牛及蛞蝓也无毒，只要抓过之后洗手就行了。为了保护辛苦栽种的幼苗，是要勤奋、勇敢一点的。

被虫儿啃得满是坑洞的卷心菜。

小白菜不仅人类爱吃，蝴蝶、小蜗牛等动物也很喜欢，因此常可看到叶子上有昆虫啃食的痕迹。

菜苗长得又高又瘦怎么办？

许多小朋友在上幼儿园的时候，都会有用种子播种的实习课，不论是用红豆、绿豆、蔬菜还是花卉的种子来播种，小苗都会在几天内长出来，让孩子们很有成就感，对种植物、观察植物的兴趣也会大大提高。

如果幼教老师没有经验，或根本不知道如何指导，孩子们自然也不懂得如何去照顾这些植物的幼苗，于是就很有可能发生下面的状况：小朋友怕强烈的阳光会将幼苗晒焦，便自作聪明地将它们移植到树荫或屋檐下，经过一段时间后，幼苗虽然还是油绿的，却越长越高、越长越瘦，这该怎么办呢？

教师们应该教小朋友赶快将小菜苗疏散，让每棵之间的距离保持在10厘米以上，并将栽培地点转移到阳光充足的角落，一个星期后施用一点鸡粪或化学肥料，每日勤快地浇水，否则小菜苗等不及长大，就可能衰竭而亡了。

一旦播种过密，菜苗便会因缺乏空间而长得又小又弱，这时得赶快将菜苗移植、疏散。

要是光照不够，菜苗便会长得又高又瘦，一副营养不良的样子。

牛油果的名称是怎么来的？

牛油果（学名：鳄梨）含有丰富的蛋白质，脂肪的含量更是所有蔬果中最高的，其名称因此而来。

最近几年，牛油果这种水果在市场里大量地出现，有绿皮的，也有暗紫色皮的。它的形状像梨，却有奶油及核桃混合起来的香气，所以又名酪梨。在中美洲原产地，许多人买不起动物性脂肪食品，只好吃牛油果来补充营养，因此又有人称它为“穷人的奶油”。身体瘦弱的人或糖尿病患者都可以多吃多尝，甚至连肥胖的人也可以大快朵颐，因为它的热量并不高。

牛油果应该等到果肉变软了再吃，用汤匙挖出果肉或削皮切成块后，蘸盐、糖、色拉酱或酱油一块儿吃，味道不错呵！

牛油果的纵切面上可以看到一颗硕大的种子和金黄色果肉。凉拌生吃或与牛奶混合打成牛油果牛奶，都是很受欢迎的吃法。（上图）

牛油果是樟科家族的成员，果实有特殊的香气。（左图）

椰汁和椰肉是什么？

椰汁是夏季最好的清凉饮料之一，椰肉则是制造面包、糖果、蛋糕等的绝佳原料。不过椰汁和椰肉究竟是椰子果实的什么部位，你说得上来吗？

椰子的汁液其实是种子中未成熟的胚乳，也就是将来种子发芽时提供养分的部分。椰汁在椰子的幼果期才存在，它是椰子果实中储存的水分，含有不少糖分。当椰子的种子逐渐成熟时，椰汁就会逐渐被胚乳吸收，此时椰子的果核内形成一层厚厚软软的乳白色构造，就是椰肉，这也是它的种子的主要部分，只是椰果未成熟前不容易区分它的种子，而成熟的椰果内就只有椰肉而没椰汁了！

椰肉含丰富的蛋白质和脂肪，可以生吃，也可以晒干榨油，制成各种食品等，妙用多多。

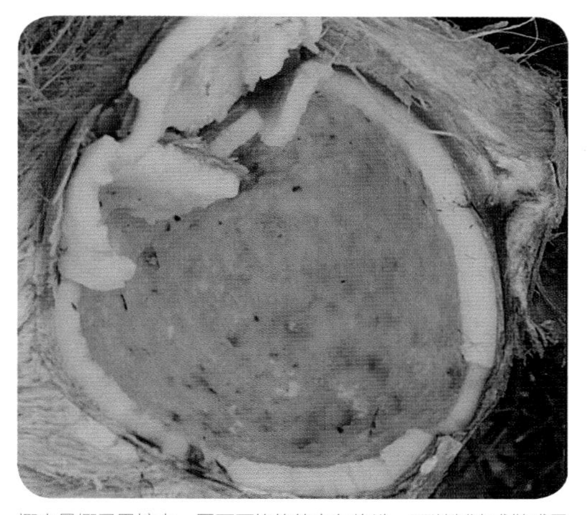

椰肉是椰子果核内一层厚厚软软的白色构造，可以制油或做成具有南洋风味的美食。

成串绑挂的待售椰子。通常我们购买椰子是为了喝椰子水。

椰子的果实高高挂在树干顶部，想要收获椰实可得要有高度的技巧。

释迦果如何变得成熟？

水果是我们重要的日常消费品，通常，当我们买回各种水果时，总会先放在冰箱里冷藏起来，再慢慢享用。可是，有一种水果却不适合买回后就冷藏，它就是模样很特别的释迦果。

释迦果跟多数水果不一样，它有很明显的后熟作用，也就是说，当它的果实被采下来以后，果肉才发生种种变化，由硬变软且甜度大大增加，让人吃来甜美无比。

不过，后熟作用必须在温暖的地方才能完成，要是释迦果在变软之前就被送进冰箱，那不但成熟不了，还会因为冰箱的脱水作用，使果肉越变越硬，到最后就只好丢弃了。这是很重要的生活常识，大家一定要牢记。

其他具有后熟作用的水果还有香蕉、杧果等。要是我们买回这些绿色还硬硬的水果，该用什么方法才能使它们很快成熟变软呢？

要催熟香蕉有一个古老的方法是：将绿色或黄绿色的香蕉放进米缸里，由于缸内温度较高，果肉细胞很快地起了化学变化，香蕉就迅速变软成熟了。这种方法当然也适用于其他具有后熟作用的水果。

释迦果味道甜美，不过种子颇多，食用时得有耐心。

释迦即番荔枝，因果实的长相很像佛陀的头颅，而有释迦之名。

无花果真的没开花就结果吗？

听说过无花果吗？它是一种落叶性的灌木，叶子大大的、宽宽的，“果实”看起来有李子那么大，然而，它真是未经开花就结出来的吗？

无花果当然不是未经开花就能结果的，但是为什么人们会这么称呼它呢？原来，这当中隐藏着一点小秘密。

无花果跟榕树、爱玉子一样，都是所谓的隐花果植物，它的花朵很小，开在圆球状的花托内，花托末端有细小的开口，好让小昆虫进进出出，为小花传播花粉。当小花结成小果实时，花托也会跟着长大、变色，成为柔软多汁而略带甜味的“果肉”了。

无花果在台湾不多，榕树却随处可见，你可以去观察研究！

成熟的隐头花序常会自动裂开，露出里面颗粒状的小果实。（上图）

未成熟的无花果隐头花序呈绿色。（下图）

水果可以当蔬菜吗？

水果是我们日常生活的副食品，一般都在饭后生吃，以便帮助消化，增进健康。

你有没有尝过由水果烹调而成的佳肴？哪些水果是可以拿来当菜做熟食的？

根据经验，菠萝、香蕉、木瓜、西瓜、栗子和菱角等都是调制菜肴的好材料。菠萝具有甜中带酸的特性，切成碎片炖肉或炒肉丝、炸虾球等，滋味绝美；香蕉经过油炸或烤食等，别有一番风味；未熟的木瓜切成薄片，用大火炒肉丝，更是一道令人回味无穷的好菜；西瓜吃完红色或黄色的果肉后，削去外皮，剩下的绿色部分可切丝炒食或腌渍成小菜；波罗蜜的种子可切半后用来卤肉；栗子和菱角的果肉则是煮汤的好材料，喝过一次，保证你还想再喝。

波罗蜜的果肉芬芳甜美，吃过果肉后剔下来的种子切半后卤肉，十分可口。

葡萄柚跟葡萄有关系吗？

葡萄柚是最近二十年才在中国台湾大为风行的水果，市面上不但有自产的货品，更有大量自美国进口的舶来品，大家吃得不亦乐乎。

葡萄柚跟葡萄有关系吗？有人说它是葡萄和柚子杂交结出来的果实；有些人则说它是柚子嫁接在葡萄藤上结成的。这两种说法哪一个才对呢，读者们知道吗？

其实上面两种推想都是错误的，葡萄和柚子根本不能杂交，也无法嫁接，因为它们是不同类的植物。葡萄柚是柚子的变种，由于结果时经常成串成簇，有如葡萄的果串一般，故名葡萄柚。其他品种的柚子都只是单一或两三个结在一起，绝不会成串，所以说，葡萄柚是同类中的“异数”，你同意吗？

葡萄柚的果实常成串下垂，好像葡萄。

葡萄柚开白色的花朵，具有芳香的气味。

一棵树能结出两种水果吗？

在一棵苹果树上，同时有绿色和红色的苹果，这种情形有可能出现吗？

喜爱花木、经常观察植物生长情形的读者们，也许老早就注意到许多植物能够在同一株上开不同颜色的花，那是利用嫁接的原理，将不同品种的花，接在同一棵植物上造成的结果。

同样的道理，要是把不同品种的水果枝条嫁接在同一棵果树上，就能结出颜色、大小甚至形状都不一样的水果了，唯一的前提是，嫁接的枝条必须和母株是同类植物。不过最近生物科技更进一步，科学家利用基因工程的移植方式，将来甚至可以让同一株果树上结出香蕉和苹果！

梨和苹果是同科不同属的表兄弟，可以用基因转移的方式，将它们培养在同一棵植株上。

橘子的皮发黑是不是长霉了？

橘子买回来以后，如果没有马上吃完，那么三五天之后，在成堆的橘子里，有时会有一两个变绿变白，用手去碰触，立即扬起阵阵粉末。这种情形读者们大概都见过，也都知道那是发霉的缘故。

可是还有一种情形是橘子变黑、变硬，跟前面说的发霉情况大不相同，这又是什么原因呢？

原来，有一种名为锈壁虱的小昆虫，它会寄生在橘子的外皮上，破坏橘皮中的油胞，使芳香油氧化、干燥，橘子皮就变得又黑又硬了。

所以说，选购橘子的时候，首先要注意外皮有没有伤口或一点点变黑的现象，如果整个都完美无缺，那就放心地买回家吧！

位于下方的橘子外皮局部发黑了。

这些橘子的外皮有些发黑，可能被锈壁虱侵害了。

奇异果的名称是怎么来的？

奇异果几乎全年都可以买到，它的果肉绿绿的，果皮毛毛的，种子黑黑细细的，内外部的构造的确是与众不同，是不是就因此而叫奇异果呢？

答案是否定的。奇异果其实是一个音译的名字，由英文 Kiwi fruit 音译而来。Kiwi（几维鸟）是鸟名，全世界只有新西兰才有，它没有翅膀，只能在地上行走，大小跟普通的鸡差不多，非常珍贵稀有，所以被新西兰封为国鸟。新西兰从中国的长江流域引进这种水果，加以品种改良后大量生产，卖到世界各地去赚了很多钱，该国政府认为这种水果就跟几维鸟一样珍贵、一样棒，因此命名为 Kiwi fruit。这种水果在中国早就有猕猴桃之名了。

黄金奇异果有金黄色的果肉，吃起来有梅子般酸酸甜甜的味道。

Kiwi 几维鸟之生态展示。它是新西兰的国鸟。

奇异果又叫猕猴桃，是藤本植物，果实就垂挂于枝条下。

第4章 生活中的植物Q&A

植物的学名是什么？

玫瑰的学名是什么？榕树的学名又是什么？读者们答得出来吗？

有些读者也许会说玫瑰的学名就是玫瑰，榕树的学名就是榕树嘛！是这样吗，还是另有别的答案呢？

大多数人以为植物的学名就是植物学或相关专家所采用的中文名字，其实错了！学名是指国际间通用的名称，全部用拉丁文写成，它通常由两个词组成，第一个词是植物的属名，第二个词则是种名，通常以斜体书写。如果要完整一点，最后还得加上命名者姓氏的缩写。例如凤梨 *Ananas comosus* L.Merr.，其中 Ananas 便是属名，comosus 是种名，L.Merr. 则是命名者姓氏的缩写。因此，学名并不是正式的中文名字，更不是俗名或别名。

凤梨的学名为 *Ananas comosus* L.Merr.。凤梨、旺来、菠萝都是它的中文俗名。

凤梨在台湾中南部很常见，平地或低海拔的山坡地都可以种植。

玫瑰和蔷薇有什么不同?

玫瑰是每个人都知道的漂亮花卉，蔷薇也是人人熟悉的美丽花儿，它们的长相相似，名称却迥异，往往令人一头雾水，究竟玫瑰与蔷薇的关系如何？它们之间怎么区分呢？

蔷薇是植物分类学上一个科的名字，也是属的名字，凡是这个家族的成员都可以称作某某蔷薇；而玫瑰只是蔷薇属里一个种的名字而已。由于玫瑰花朵美艳，园艺家和育种专家再三利用它做品种改良，培育出许多花色繁复、姿态万千的新品种。目前所有的观赏玫瑰有许多是原种玫瑰的后代，所以对于那些观赏性的杂交品种，我们统称为玫瑰并无不妥。可是对野生的蔷薇属植物（除了玫瑰本种之外）就只能称某某蔷薇，例如高山蔷薇、玉山蔷薇等，而不能称玫瑰。

直立型的中小花型玫瑰。

紫色玫瑰柔美芳香，是最受欢迎的品系之一。

高山蔷薇是台湾原生种蔷薇的代表，它大量出现在海拔2500 米左右的高山地区，夏季开花，秋季果实成熟。

玫瑰都是直立的吗？

就数量和品种而言，玫瑰可能是现今世界上栽培得最多、最广泛的观赏花卉了，它的色彩、形状和香气，让无数人为之痴迷和陶醉。

常见的玫瑰有的是高性种，高度可达二三米；有的是矮性种，高度只有二三十厘米。但不管高性种或矮性种，它们的植株都是直立的吗？有没有其他长相的品种呢？当然有，蔓性的玫瑰便是能沿着墙垣或棚架攀爬的种类，它们的茎枝肥大而强壮，开起花来往往成簇成团，把庭园点缀得美极了。可惜这种玫瑰在台湾很少有人种，所以不易见到。台湾另外有野生的蔓性蔷薇，比如，滨蔷薇、琉球野蔷薇，要是能做育种培养，相信可以让爱花人耳目一新。

枝条沿着篱笆丛攀爬的蔓性玫瑰。

这种蔓性玫瑰很适合养成绿篱，让整个夏季花、叶互相争辉。

直立性的玫瑰茎部直立，花朵通常也是向上挺立的，品种多，在台湾十分常见。

蔓性玫瑰有修长的茎枝，具蔓延攀爬的能力，可塑性很强。

玫瑰可以吃吗？

玫瑰花不但可供观赏，还可做成各种食品，你知道吗？

将玫瑰花瓣漂洗干净，再以清洁的剪刀将花瓣剪碎，就可以拌生菜沙拉或水果沙拉，也可配在冷盘上或夹在三明治里，吃起来自有一股玫瑰的芳香。玫瑰花撒在汤上，芬芳的气息叫人喝了还想再喝。

将奶油和糖搅拌后，加蛋黄搅成冰激凌状，再放入葡萄酒及玫瑰花碎片，最后加一点面粉糊，下锅油炸，做成“玫瑰花天妇罗”，酥脆的口感混合着甜美的玫瑰花香，一定让你赞不绝口。

也有人将玫瑰花制成酒和香喷喷的玫瑰酱，戏法人人会变，就看你如何运用聪明才智，巧手慧心地烹饪了。

玫瑰的花瓣可以食用，洗净后一片片剥下，就可以准备下锅了。

油炸玫瑰花瓣香酥又好吃，但得确定买回的玫瑰花无农药污染。

莲花就是荷花吗？

莲花和荷花都是大家熟悉的名词，它们之间究竟有何关系，你说得出来吗？

也许有一些人碰到这个问题时会考虑一阵子，然后说出一堆答案，内容相当充实；另一些人干脆摇头说不知道；最后一批人则简单地回答："莲花就是荷花。"

以上三种说法有一种是对的，那就是最后一种。莲花与荷花之间根本就可以画等号，它们指的是同一种植物，这种植物自古就受人栽培、推崇和歌颂，相信读者也都喜欢它。

耐人寻味的是，我们通常只称莲藕、莲蓬、莲薏（莲子心）和荷包、荷包蛋、荷月，却不说荷藕、荷蓬、荷薏和莲包、莲包蛋、莲月，真是有趣。

莲花的品种很多，这种花瓣多轮的品系，你可曾见过？

白色的莲花看来洁净无瑕，让人心旷神怡。

莲的叶子天生就像伞吗？

春季刚长出来的莲叶，叶片呈圆形，浮在水面上，可不要误以为是睡莲叶！

莲花是大家相当熟悉的植物，直挺挺的荷叶（莲叶），加上硕大艳丽的花朵，永远给人留下深刻的印象。

莲叶生出来就会挺向水面、顶向半空中吗？你可曾仔细观察莲叶的生长过程？

莲是一种多年生的草本植物，每到秋末冬初，暴露在水面上的叶子和莲蓬便会全部凋萎，只留下莲藕在水里的泥土中过冬。第二年的春末夏初，新的莲叶就开始冒出来，最先长出的莲叶都是小小的，叶柄虽然也很长，但是软软的，只能把叶片送到水面，无法挺向空中。随着仲夏的来临，较壮硕、成熟的叶子才会由强韧的叶柄顶出水面，绿伞般的造型也才会显现出来。

夏季长出来的莲叶，叶子高高地挺出水面，像一把把小绿伞。

睡莲会睡觉吗？

睡莲是一种常见的水生观赏花卉，由于花朵娇美，色彩缤纷，所以被爱花人称为“池中仙子”。

睡莲这个名称是怎么来的呢？难道它真的会睡觉吗？怎么个睡法？全株都会睡吗？睡莲的确是一种会睡觉的植物，它会睡觉的部分主要是花朵。有的品种白天开花，到了晚上就闭合起来，第二天早上再开，如此持续三五天；有的品种在夜晚开花，到太阳露脸时反倒闭合起来休息，直到月亮出来时才又绽开笑靥，如此也可持续三五天。

另有一种说法是，它的叶子通常平铺在水面上，有如“睡”在水上一般，故名睡莲，你觉得哪一种说法较合理呢？

睡莲的叶子通常平铺在水面上，像睡在水上一般。

睡莲的花有的在白天开，有的在晚上开。这是晚上开的种类，所以在白天便闭合睡觉了。

稻子如何传粉?

植物必须依靠各种媒介来帮它们传粉，才能顺利地结实结种。每一种植物都有特定的媒介替它们做传粉的工作，媒介的种类包括昆虫、鸟、兽、人以及没有生命的水和风。

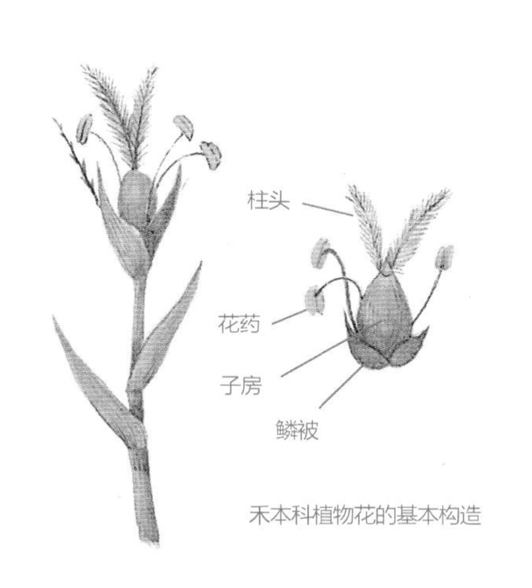

禾本科植物花的基本构造

稻子的媒介主要是风，因为稻子的花又小又丑，而且缺乏艳丽的色彩和诱人的香气，根本没有昆虫会被吸引过来，即使有，也只是稀疏的过客而已，没有什么实质的帮助，所以稻子只有选择风来当它的媒婆了。

为了配合风的传粉做媒，稻子的花粉不但微小，而且数量庞大；雌蕊的柱头则是羽毛状的，能够很有效率地“抓”住花粉。看来,稻子还是蛮聪明的呢!

稻子的花有突出在外的雄蕊，花粉释出后，就会随风到处飞行传播。

稻子开花了，花穗看起来没什么色彩，也没什么香味，因此只能靠风、雨等来传播花粉。

台风草真的能预测台风吗？

这棵台风草的叶子几乎没有横向的褶皱，难道就表示这一年都没有台风吗？

台风草（棕叶狗尾草）是平地或低海拔山区常见的禾本科植物，它的叶子宽宽的，多褶皱，跟大多数禾本科的野草大不相同，很容易辨识。

民间传说台风草能预测台风，真的有这回事吗？台风草的叶面有许多纵向的褶痕，还有0至4条横向的短褶皱，这横向的褶皱就被喜欢吹牛的人视为无字天书。他们说一条褶皱代表当年会有一次台风过境，两条就代表两次……零条就代表当年不会有台风。这真是胡扯，只要你仔细去观察许多台风草叶，就会发现有的是一条褶皱，有的是两条、三条或四条，到底要以哪一片草叶为准呢？如果相信没有褶皱就没有台风，而不去做防台准备，那后果才糟呢！所以说，读者们不可相信这个传说噢！

这两片台风草的叶子都各有一条清楚的横向褶皱，但是当年入侵台湾的台风却有好几次。

浮萍有没有根？

老一辈人常常会告诫青年说："人生一定要有确定的目标，执着地去奋斗和努力，才能成功；千万不可以像无根的浮萍，随处漂泊，到头来一事无成。"

浮萍真的没有根吗？如果有根，那为什么会随波逐流？如果没有根，那它是如何生活的呢？

浮萍类植物绝大部分都有根，只有最小的无根萍是无根的。不过由于它们的根都很短小，而且没有什么固着能力，所以只要池塘、水田或沟渠的水稍微深一些，它们就会漂浮起来，随着水的移动而移动。

无根萍虽然没有根，但是水分及养分能够直接渗透到叶状体里面，所以照样能正常地生活。

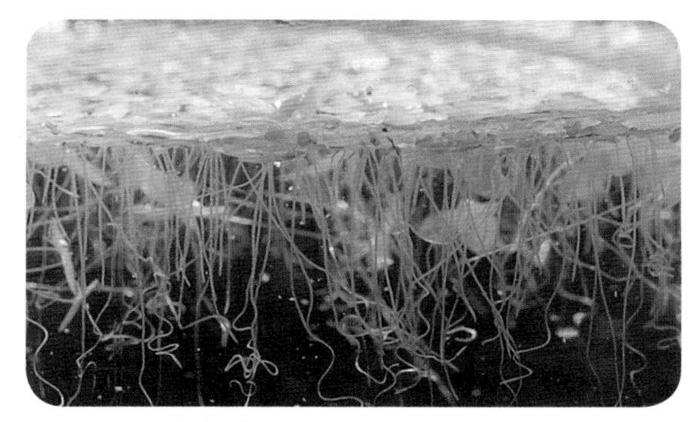

青萍是有根的浮萍类植物，它的根细细长长的，呈淡绿色。

紫萍的叶状体背面呈紫红色，每一个叶状体下方有 4~12 条根。

无根萍（图中最小者）是真正没有根的浮萍。

棉花的颜色真的善变吗？

棉花的花朵一般都在清晨开放，开放后的花，会连续变换好几次颜色。

由最早的白色，逐渐变成浅黄色，到了下午又开始转为粉红色或红色，有时还会变成玫瑰色；到了第二天，变得更红，甚至带了点紫色，到最后花冠脱落前，已变为褐色。然而，每一朵花开的时间不太一致，所以会形成同一株棉花上，这朵白色，那朵黄色，有的变红色、紫色……看起来"五花十色"，好不热闹！

为什么棉花这么善于变色呢？原来，它的花瓣里，含有多种色素，其中一些如花青素等色素，会随着日光的照射和温度的变化，而使花瓣呈现不同的色泽。同时，棉花由于品种的不同，也会出现不同的颜色。

棉花（草棉）初开时花为白色至淡黄色，但是右上方那朵为前一天开的花，已经变成红色并凋谢了。

盛开的棉花呈黄色，花朵的模样很像海边的黄槿，但有宽大的萼片保护着。

垂柳会不会开花？

垂柳是水池、水沟边最好的绿化、美化植物，它那黄绿的叶片，下垂的枝丫、纤柔的外貌，给人留下极为美好的印象。

垂柳到处都有，不过好像很少看见它开花，它究竟会不会开花呢？答案是肯定的。垂柳在成熟以后，每年的初春，也就是新叶即将冒出或刚冒出一点点的时候，短短的花穗就会抽出来。那花穗黄黄绿绿的，很可爱，不过也很奇特，因为所有花穗都是雄的。这到底是怎么回事呢？

原来柳树类都是雌雄异株植物，垂柳自然也不例外。园艺家当初从大陆将它移植到台湾时，可能带来的正好都是雄株，后来经过扦插、高压法等无性繁殖，产生的苗株自然也都是雄株了。

垂柳的花在二至三月间开放，这是它的雄花序，由一大堆没有花瓣的雄花共同组成。

垂柳有下垂性的枝叶，株形非常独特，老远就可分辨。

杜鹃花的名字怎么来的？

杜鹃花是台北市的市花，也是大家都很熟悉的灌木花卉，不过如果我问各位："杜鹃花的名字是怎么来的？"恐怕就没有几个人答得出来了。

这种红色的杜鹃花红得相当彻底，花群盛开时，相当耀眼。

杜鹃花的花期主要在二月至四月，尤其是细雨蒙蒙的三月天开得最盛了。在许多杜鹃花的原产地，例如四川山区及云南、贵州的山林中，杜鹃花往往将整座山头点缀得红艳亮丽、热闹无比，这时，满山的杜鹃鸟也不停地啼叫，那声音听起来凄凉哀怨，于是富有想象力的文人们将满山遍野的红色杜鹃花，描写成"杜鹃啼血"转化的产物，说杜鹃花是杜鹃鸟的血化成的，真是有意思！你们认为这个名字取得好不好？

金毛杜鹃是台湾低海拔山区最常见的杜鹃花，每年春季，它的花必定红遍许多山坡、山谷。

牵牛花的名字是怎么来的？

牵牛花是一种妇孺皆知的野花，大家都认得它，也都熟悉它的习性，可是你知道它为什么叫牵牛花吗？

牵牛花是一种缠绕性的草质藤本植物，茎部细长，能沿着树枝、竹竿、电缆线等攀爬而上，一面生长，一面开出五颜六色的漏斗形花，虽然每一朵花都只有半天多的寿命，但照样广受欢迎和喜爱。

牵牛花的种子可治疗急性关节炎和腰部以下的水肿和腹水症等。相传古时候有一位农夫因为吃了牵牛花种子，治好了痛苦的宿疾，感激之余，便牵着每天相伴的水牛，前往牵牛花生长的地方向它道谢。事情传开以后，“牵牛花”之名就诞生了，很有意思吧？

盆栽的牵牛花必须在盆缘立上竹片等支撑物，以利其茎枝缠绕攀爬。

五爪金龙是台湾平地、郊区最常见的野生牵牛花，它有多年的寿命，且几乎全年花开不断。

万年青会不会开花？

香龙血树最常被叫成万年青，它也会开出这样的香花。

万年青是大家都熟悉的观叶植物，不论春夏秋冬，不论阴晴寒暑，它始终是一身的翠绿，为客厅、神案、橱柜乃至办公桌上平添了几许绿意，叫人越看越爱，越看越想亲手栽种它。

万年青通常只用清水就可以栽培，它尽管终年常绿，却几乎不曾含蕊吐芳，难道它不会开花吗？答案是否定的。万年青属于龙舌兰科，是一种高等植物，一定会开花，只是开花的条件，例如温度、湿度、光照量及年龄等，都要达到相当的标准，才能孕蕾吐芳。一般人栽种它，通常都不能给它理想的开花环境，所以它只好不停地长叶子了。可不要以为它是永不开花的植物哦！其他叫"万年青"的观叶植物，也都是会开花的高等植物，只要环境许可、条件配合，一样都会开花的。

朱蕉常被叫成万年青，它几乎年年开花，你注意过吗?

什么是绿肥？

中国是以农立国的文明古国，千百年前农夫们就晓得利用绿肥来改良土壤，以增加农作物的产量。究竟绿肥是什么？它为何能改良土壤呢？

绿肥是一种植物性的天然肥料，通常是在植物尚未枯萎而仍呈绿色时，就将它一并犁入田中，让茎叶在土壤里腐坏，变成各种营养物质，让农作物来吸收利用，以便开更多的花，结更多的果，供农人采收。

豆类植物是最好的绿肥，因为大多数豆类植物的根部都有根瘤菌共生，可以固定氮素而合成蛋白质等营养物。将豆类植物的植株犁入稻田中，将来秧苗必然长得又壮又旺，结穗更多。多理想的办法呀！

白花车轴草是温带果园中常见的绿肥作物，它的嫩茎叶可以当野菜吃。

田菁是常被栽种的豆类绿肥，它也会自己生长在开阔的荒废地间。

新娘花的叶子长在哪儿？

新娘花是一种相当纤柔可爱的植物，正式名称应该叫文竹。新娘捧花上有了它，的确可以增添不少温柔婉约的美感，难怪广受欢迎和喜爱。

新娘花的叶子在哪里？是那细细短短的小不点吗？很多人也许会猛点头，可是正确答案是否定的。新娘花根本没有正常的叶子，那细短的东西是它的小分枝，而不是叶子。它真正的叶子呈鳞片状，在幼嫩的主茎上才可以看见，等主茎延伸、长高并重复地分枝之后，鳞片状的叶子早就脱落了。

跟新娘花同类的芦笋、武竹等也具有这种现象，细心的读者们可以找机会好好观察。另有一种名叫茑萝的植物，也常被叫成新娘花，它的叶子呈纤细的羽状深裂，模样也挺可爱的。

文竹一直被叫成新娘花，它的叶子退化，又细又多的叶状枝可以取代叶子的功能。

茑萝也常被称为新娘花，它的花朵鲜红，叶片细裂，花叶俱美。

铁树开花稀奇吗？

每到初夏来临，各地的铁树便会不约而同地长出硕大的花序。许多报纸杂志也都会及时报道铁树开花的消息，说什么铁树开花不容易，开了花就象征大吉大利、国泰民安……真有这回事吗？铁树开花真是稀奇的事吗？

其实那些报道根本不足信，因为在亚热带地区的台湾，铁树开花是很平常的事，生长良好的个体甚至年年都能开花，一点都不稀奇呢！

假如将铁树移植到中高海拔山区或长江流域等温带地区，那么要它开花可就真的难了。这完全是气候、温差的原因。

铁树开花不稀奇，但是一株雄铁树同时开出十柱雄花穗的情况，可就非常罕见了。

铁树的雌花已经结出橘色的种子了，着生种子的心皮具有尖刺，采集种子时请务必小心。

芒草和芦苇有什么不同？

五节芒常长在荒地间，喜欢干燥、向阳的环境，有时连大楼的屋顶平台上也会长。

芒草是荒野间极常见的大型禾草，而芦苇是许多人耳熟能详的高大草类，它们俩究竟有何不同，你说得上来吗?

芒草也叫五节芒或寒芒，常生长在干燥、空旷的山丘、斜坡、路旁或荒地间，茎多数成丛，节部不明显，开花的初期花穗呈或深或浅的紫色，相当抢眼。

芦苇在台湾的数量没有芒草多，通常长在河流、湖泊或海岸边，茎秆不太密集，叶片较宽而短，但节部明显，开花时并没有紫色的花穗，而是黄褐色的。

由以上描述的习性、茎秆特征及花穗颜色等，就能轻易地辨认芒草和芦苇了。

芦苇喜欢长在河海交汇处，它的叶片较短而宽，且节部明显，颇易辨识。

青草茶是用什么草煮成的？

野甘草大量生长在庭园、路旁、耕地及荒地间，是民间常用的青草茶原料。

运动过后口干舌燥时，来一杯清凉的青草茶，不但立即生津止渴，还具有强身保健的效果，青草茶真是一种值得推广的饮料。

用来制造青草茶的植物有很多种，有的具有苦味，有的具有甜味，有的具有薄荷般的辛香味，种类可依据个人喜好来选择。最常用的有车前草、凤尾蕨、野甘草、仙草、桑叶、香菇、苦菜、水蜈蚣、枸杞、白花草、马蹄金等。

青草茶不一定是盛夏酷暑时节才喝的饮品，因为里头的各种成分具有消除疲劳、健胃整肠、安定神经、化痰止咳的效果，甚至还能降低血压、祛风退火，一年四季都可以当开水喝，好处多多。

仙草在夏季生长旺盛，正是采集茎叶作为青草茶原料的大好时机。

干花是怎么做成的？

杜虹成熟的果实和灯笼草自然风干成的干花。

干花是现代生活中绝佳的装饰品，不仅保留着花儿的漂亮形状和色彩，能够历久不凋，而且不需要特别照顾。这对忙碌而又讲求生活质量的现代人来说真是太棒了。

干花是怎么做成的？方法有三：第一是自然干燥法，将花儿直接倒挂起来风干就成了；第二是使用干燥剂来吸水，将新鲜的花和干燥剂同时放进密封的容器中，等花中的水分被吸干后即成；第三是萃取法，将水分抽出，再将蜡打进花朵中。前两种方法简单易行，读者可以自己试做！不过很多花儿在自然风干的过程中会有发霉的现象，尤其在连续的阴雨天。因此，选择自然干燥法制作时，必须谨慎选择花材，最好选用花瓣干膜质、含水量原本就极低的种类，例如蜡菊、满天星（霞草）、千日红、麦秆菊、香青、百日草等。用这些花朵去制作干花，保证过程简单，又能耐久。

有些花原本含水量就低，所以用自然干燥法就可以做出亮丽的干花了。

海苔是什么？

石莼是潮间带最常见的绿藻，也是海苔或其他海藻类食品的重要原料之一。

最近十几年，海苔食品风行各地，不论男女老幼都相当喜欢。

海苔究竟是什么，你知道吗？也许有人会说，海苔就是海藻嘛！它们原本就生长在大海中，数量非常庞大，所以怎么吃都吃不完。

海苔的确是海藻制品，可是并非所有的海藻都可以制成海苔。有不少海藻是有毒的，根本不能吃；还有一些虽然无毒，但是充满石灰质或其他硬硬的东西，也不能拿来当食物。

海苔的原料主要是紫菜和石莼这两种海藻，由于需求量大，必须人工栽培才够吃，海边生长的只要两下子就清除干净了，哪够品尝呢？

石莼常被大量采集后晒干，进一步加工制成食品。

植物可以制造香水吗?

茉莉花洁白芬芳，常被大量栽培来制造香水。

这是茉莉香精油，由大量新鲜的茉莉花提炼而成，可进一步制造香水。

香水是女生的最爱，也是现代生活中几乎不可缺少的日常用品。香水是如何制成的，你知道吗?

有些香水是工业的副产品，由石油经层层提炼而来；有些则来自植物的花朵或枝叶，例如玫瑰、茉莉、柠檬、素馨等都是炼制香水的好原料。

首先用油脂、酒精或其他溶剂将植物体内的香精溶解出来，再使用蒸馏法，使溶剂和香精分开，才能获得清纯芳香的物质。最后再加入各种稳定剂，使香精的香味能够持久，就成了人人爱用的香水了。

凡是花朵香气浓郁的植物，应该都是制造香水的原料，不过还是以玫瑰、茉莉等最受欢迎，大概因为它们的香味最讨人喜欢吧!

当归是植物还是动物？

当归药材

当归鸭、当归面线都是大家熟悉的食物，究竟当归是什么？它是植物，动物，还是矿物？

原来，当归是非常有名的中药药材，是伞形科多年生草本植物，产于四川、江西、浙江等省。它的根可以补血、活血，对血液循环不好或冬季四肢寒冷的人有极佳的滋补作用，所以当归炖出来的食物便成为秋冬季的抢手货，也因此即使很少有人见过它的真面目，当归的大名也是老少皆知的。

台湾没有野生的当归，但是在中海拔山区有人栽培，如果想看它的长相，可以到清境农场、南投庐山等地方去。

当归是一种草本植物，有粗大的主根，全株拔起后洗净，截下根部晒干，便成家喻户晓的当归了。

当归的花又小又多，每个花序有数百至上千朵的小花，造型跟大家耳熟能详的明日叶很像。

植物能够当药吗？

植物是各种动物直接或间接的食物，它可以让动物长得更强壮、更健康。既然如此，一旦动物生病时，是不是还可以找植物来治疗呢？

答案是肯定的，自从神农尝百草以来，已有成千上万种植物被认为有治病疗伤的效果，而且都有临床的实验印证。不仅在我们中国有古老的草药文明，在埃及、希腊及其他地区的古文明里也都有众多用植物治病的先例。就连猫、狗等肉食性动物在身体稍有不适时，也懂得去啃食草茎或枝叶，然后再以呕吐的方式排出体内异物，以恢复健康。总之，植物在医药方面的用途实在太多太广了，值得人类持续不断地研究！

莲蓬成熟了，里面孕育的莲实和莲蓬本身，都是民间常用的药材。

夏枯草每到初夏时，植株就逐渐枯萎。

公路中央分隔岛上的树要保持多高？

行驶在高速公路或快速道路上，我们一定注意到道路中央分隔岛上有各色各样的行道树，它们似乎永远保持着一定的高度，其中有什么道理吗？

高速公路是汽车多、车速快的高危险地区，中央分隔岛上的行道树不但有美化的功能，更有保护驾驶员安全的作用。根据交通安全专家的试验和研究，中央分隔岛上的绿树可让驾驶员的眼睛不易疲劳；在夜间，树顶更可隔绝反方向的车灯，使视野更清楚，眼睛更舒适。

另外，如果不修剪，中央分隔岛的行道树不但会长高，枝条更会延伸到路面的上空，影响驾驶员视线，台风时也会因枝叶断落而增加危险，所以树高最好永远保持在 2 米左右，这样既可在夜间遮光，也不会因太高而给人压迫的感觉。

月橘是各种道路分隔岛上常见的植物，它很耐修剪。

黄金榕长势旺盛，很耐修剪，是高速公路中央分隔岛上最常见的树种。

咖啡是怎么制成的？

咖啡是现代生活中相当重要的饮品，市面上有许许多多为大家所熟知的品牌，一杯香醇可口的咖啡的确叫人喝了浑身舒畅，快活似神仙。

究竟咖啡是怎么制成的，为什么有的用热水一冲就可以喝，有的却必须再煮半天呢？

将咖啡树熟透的红色果实采下，送进脱肉机中除去果皮和果肉，再经过发酵除去胶质，便只剩下种子，这就是俗称的“咖啡豆”。接着再用脱壳机脱去种壳，并以磨光机磨去硬膜，然后下锅炒熟，再磨成粉末，就是可以“速溶”的咖啡粉了。至于必须煮沸的咖啡豆，则是炒熟而未磨粉的半成品，虽然要多费点时间才能饮用，但味道更香更浓！

去皮的咖啡果实，在经过除肉去胶质并烘干之后，就成了“咖啡豆”。

成熟的咖啡果实呈深红色，模样十分讨巧，是绝佳的观果植物。

咖啡的叶子长椭圆形，对生；成簇的花开在叶腋，所以果实也结在叶腋处，果枝也可当花材。

如何找寻野菜？

野菜就是野生的蔬菜，包括叶菜、茎菜、花菜、根菜和果菜。它们能让现代人换换口味，让登山野营者少带一点粮食，更可让山区迷途者获得充饥生存的机会。

野菜可以说遍地都是，而且可以随时采得，问题是如何去认识它们，找出它们。首先，人人都应扩充一点基本的常识，购买植物图鉴来阅读参考，再与平常在庭园、郊野、山区见到的野生植物相印证，以确切地认识若干种常见的野菜。如果真有那么一天必须靠吃野菜才能活命，而又找不到自己熟悉的种类时，就可以以“神农尝百草”的方式找寻。只要以舌尖测试，味道不是麻的、辣的、涩的，就可以少量试吃，每一种尝一点，煮熟了再吃，应该不会有大问题。

学习野菜的长相、分布、采集的方法，大人小孩都觉得有趣。

狗尾草和狼尾草如何区分？

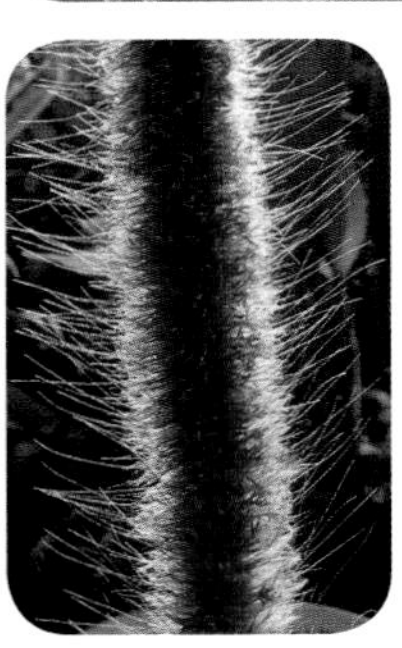
狗尾草花穗间有长芒，试着用手拂拭，长芒并不容易随小花穗脱落。（上图）

狼尾草花穗间也有长芒，但是用手由上而下拂拭，长芒很容易随小花穗一起脱落。（左图）

狗尾草和狼尾草都是禾本科家族成员，与稻、麦、玉米、小米等都有亲属关系。它们都因为花穗或果穗呈细长的圆筒状且花穗间有长芒，看起来有如狗尾巴或狼尾巴而得名。究竟这两种草如何区分呢？以下提供一个便捷而可靠的方法，请读者们牢记。

狗尾草花穗间的长芒（亦可称为刚毛）相当耐久，即使小花结果、脱落了，长芒仍然存在，用手去拔也不容易拔掉。狼尾草正好相反，其他花穗间的长芒在花开过之后，会与小穗一起脱落，用手去拔或者由上往下拂拭，长芒很快就会掉落。由“毛”是不是会轻易脱落，来判定是狗尾草或狼尾草，这种方法很特别吧！

农作物的茎为什么多半是中空的？

如果我们拿稻子、麦子、玉米、小米等农作物的茎秆来观察，便可发现它们的内部都是中空的，为什么会有这种现象呢？中空对植物本身来说，是好还是坏呢？

许多农作物都是草本的单子叶植物，它们的茎在幼嫩的时候通常都有“髓”的构造，可是长大以后，髓部萎缩，茎部自然就出现中空的模样了。

茎部中空对植物来说，其实并没有什么不好，因为它们虽然柔软易折，可是相对地，也能够随风摇摆，只要不是很强很急的风，这种茎并不见得会立即受到伤害。而那些刚硬坚实的茎枝，不会随风摆荡，反倒在强风骤雨的吹袭下，容易发生折断的现象。

不只是农作物的茎部有中空的情形，许多草本野花如菊科的苦苣菜、山萵苣及蔬菜中的空心菜、山芹菜等也都有茎部中空的现象，你还能说出其他的例子吗？

甜玉米的茎是中空的，所以不耐风吹雨打，幸好茎部下方有支持根，能使它在不很大的风雨中屹立不倒。

芹菜的茎也是中空的，这种现象在它开花时尤其明显，你是否注意过？

第5章 照顾植物 Q&A

哪一种土最适合植物生长？

植物的种类很多，彼此的习性各不相同，该为哪一种植物选择哪一种土壤，才能让它们长得最好？

黏土的颗粒较细，保水能力好，有时甚至造成花盆不易排水，因此只适合某些根系发达，或能在泥泞地和水中生长的植物。

壤土的颗粒不大也不小，保水能力介于黏土与砂土中间，因此适合一般植物生长。

砂土的颗粒最大，保水能力也最差，养料很容易随着水分流失，所以只能培养肉质植物及供育苗之用。

总结起来，壤土应该是最适合植物生长的，在栽培花草蔬果或树木时，大都可以选用这种土壤。

壤土最适合植物生长，播种于壤土之中，幼苗可以长得更好。

以河沙当盆土，植物会不会生长不良？

在大一点的河床边，我们常可以看到厚厚的沙层，那些细沙有的会被运去盖房子，有的则被铲回去种花种菜，成为重要的栽培材料。

如果直接以河沙来种花，植物八成会生长不良，因为河沙虽然看起来颗粒很细，但它们都是独立的颗粒，彼此没有紧密相接，所以浇水时水分很容易流失，肥料也跟着被水带走，植物自然就会营养不良，长得不好了。

河沙最好能与壤土或黏土充分混合，再拿来栽培各种植物，那么效果就会显著改善了。种仙人掌等多肉植物时，河沙的比例可以多些，可是在种植一般的花草或蔬菜时，河沙的比例就应在1/3以下，把握这个要点，种出来的植物必会欣欣向荣。

以纯河沙来种植物，通常会生长不良，所以最好与黏土混合后再种。

久未翻土，植物会不会生长不良？

不论是田里的农作物还是花盆里的花草，如果长期没有翻动土壤，一定会长得不太好，这是为什么呢?

土壤是有重量的，经过下雨、浇水和太阳的照射之后，土壤颗粒之间就会黏得越来越紧，植物的根也因此不容易随意伸展；各种营养物质也比较难以随着水流达到根部。如此一来，植物的根部自然没有办法长得健旺，连带茎、叶和花果也都生长不良了。

所以，在种各种植物之前，一定要先松土，而且挖松的面积越大越好；一段时间之后，再小心地用铲子在植物四周将土壤翻动一下，它们就 会长得更好了。

绿竹需要年年翻土，才会正常生长并大量发笋。

如何判断植物是否缺水？

每当夏季来临，强烈的阳光就会将土地晒得发烫，许多植物在这种情况下会显得垂头丧气，一副脱水的样子。这时候，我们就知道，该为它们浇水了。

大太阳晒过之后，植物的茎叶下垂萎缩，很容易让主人知道它们已经缺水了。可是，在气候寒冷的日子里或者是茎叶肥厚的植物身上，我们并不容易从外表来察觉植物是否缺水了。这时，最好的方法便是检查土壤，如果土壤的表层已经很干，那么就应充分浇水。盆栽的草木，应该让浇下去的水能够从盆底流出来才算足够。至于像仙人掌类的多肉植物，一旦发现茎皮有干瘪、皱缩的现象时，就表示已经缺水了，应赶紧浇灌一点水，好让它们迅速恢复生机。

植物枝叶有下垂现象时，就表示缺水了，应该立刻补水。

植物种得太密，为什么容易生病？

在广阔的花园、菜园或稻田中，我们常可见到成片种植的农作物，它们被大量栽培来欣赏或食用，经济效益很高；但是相对地，由于种植的密度过大，也很容易集体生病，给农人带来不少头痛的问题。

种得太密的植物为什么容易生病呢？这可以从几方面来说：第一，如果是昆虫性病害，则因为昆虫便于取食、交尾，所以很快大量繁殖，病害的程度就越深；第二，如果是细菌或真菌性病害，则因孢子很容易扩散，病株很快传染给健康株，造成严重的后果；第三；如果是因缺乏某一种营养素而引起的病变，则因植物的数量多，缺乏的情况更难以改善，受害生病的株数自然也就更多了。

当然，植物种得太密，对生长有坏处也有好处，好的方面是传粉容易，结实率高。因此，如果要密植，应该选择开阔、肥沃的场所，并应注意灌水和防治病虫害，才能让它们生机盎然。

花草种得太密，对植物的影响有好有坏，因此要多费心。（图为报春花）

种得太密的植物虽然开花时热闹又缤纷，却很容易生病，应注意防范。（图为白鹤芋）

盆栽需要经常换盆吗？

这盆非洲堇够大也够密，可以换盆了。

经过两三年，这盆榕树盆景的根团已经长得紧密，盆土也硬了，若不换盆、换土，就会生长不良。

在到处是汽车洋房、寸土寸金的现代社会里，要想在家里拥有院子真是谈何容易。因此，喜欢养花的人就只好使用花盆在屋顶或阳台上种花了。

用花盆来养花，植物势必会受到相当的限制，因为盆子里的空间很小，养分有限，温度变化剧烈，而且容易失水。于是，很多人便会想到，使用较大的花盆或者经常更换花盆和盆土，以便让花草长得更好。

事实上，经常更换花盆很可能使植物的根部受伤，需要一段时间才能复原，而较大的花盆所需的存放空间也较大。因此，一至两年换一次盆，或者等植物长得够大时才换盆，是比较恰当的做法。

兰花换盆的方法

①用竹棒将盆帮弄松。

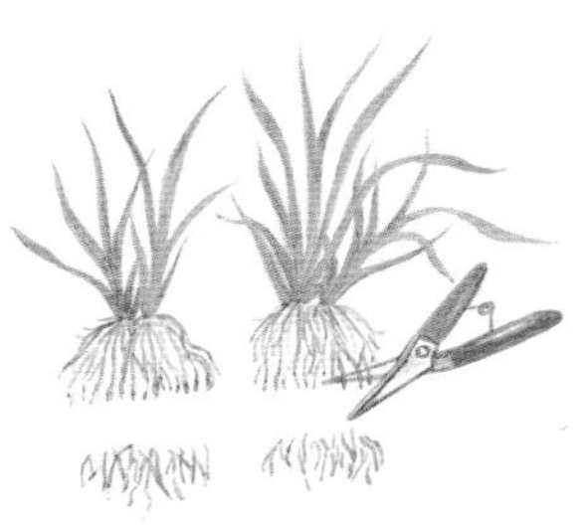
②植株拔出后，剪去坏死的老根，并除去旧的栽培介质。

③根隙间塞入新的水苔包妥。

④依情况适度分株，重新植入盆中，并预留新芽长出的空间。

如何给盆栽一个适宜的环境？

毛萼口红花适合种在光照约 50%～70%的窗边或阳台上，也可以养在明亮的荫棚下。

这盆紫花大岩桐种在窗边的明亮处，环境适宜，因此花开甚美。

用各种钵盆等容器来栽培植物是绿化、美化环境最普遍的做法，但是各种容器不论大小，里头的空间必然有限，植物的生长必然容易受到影响。因此如何让狭小空间里的植物正常生长，是一个值得研究和注意的问题。

盆钵里土壤少，水分缺乏，因此多灌水是最重要的，但是绝不可为了偷懒而将底部的排水孔堵起来；日晒之后，花盆温度骤增，最好不要立即浇水；阴性植物，要将盆栽置于阴凉、通风的场所；多肉植物，最好放在用透明塑料板遮盖的地方，以免受到雨淋而腐烂。非洲堇、大岩桐等会开花的室内植物，最好安置在窗台边等采光较好的地方，以利于开花。

移植花草时应注意什么？

喜欢种花莳草的人一定都有移植花木的经验，移植的工作如果做得好，花木的幼苗就会长得更壮更旺；如果做得不好，效果会适得其反。

移植花草最重要的就是不要伤害到根系，根部如果受伤，就会影响到吸水的能力，水分不足，地面上的茎和叶可能因蒸腾作用而枯萎。所以小苗一定要连土挖起，大苗的移植如果难免伤到根部，就要将部分枝叶剪去，以减少水分的蒸发。移植的时间最好在阴雨天或黄昏后，移植后要充分灌水，新土也要压紧一些。如果以季节来分，那么晚冬或初春，植物即将从休眠中苏醒时，就是最好的移植时机了。

移植花草时应尽量避免伤害其根系，否则移植后的苗株将会有一段休养期。（图为红花酢浆草）

出远门时，盆栽怎么办？

旅行是许多人喜爱的户外活动，可是多日的旅游，往往让心爱的盆栽疏于照顾，甚至枯萎凋零。该如何在出远门的时候，也让盆栽植物安然度过呢？有些人可能会自作聪明地在花盆下方放置水盆，再于水盆中装满水，并把所有盆栽锁在房间里，以为如此就可以在盛夏时不缺水，殊不知后果将适得其反。在闷热不通风的室内，若用深水盆蓄水供植物所需，往往会因为根部的通气不良，而使植物枯萎腐烂，甚至回天乏术。最好的方式是将水盆改成较浅的水盘，并在注水后将盆栽摆置在通风处，就可以安心出游了。

当然这只是一周以内的处置方法，如果是更长期的外出旅游，还是得请亲朋好友或邻居帮忙浇水才行。

非洲堇盆栽下方若放置小水盆，可以让它维持 7 ~ 10 天或更久不用浇水。（上图）

出门旅行时，在花盆下方置一水盆，并将它摆在通风处，就可以安心出门了。（下图）

在冬天，为什么有些花卉盆栽要搬进室内？

爱种花的读者应该都知道，某些盆栽的花草树木到了冬天，就会有无精打采甚至枝叶干枯的现象，这时如果不将它们移进室内或其他较温暖的地方，它们便可能会衰弱地走向死亡之路。为什么呢？为什么别的植物不怕寒冷，唯独这些植物受不了一点寒气？

台湾的冬季并不很冷，即使寒流来袭时，地面气温也很少低于5℃，但是蝴蝶兰、石斛、沙漠玫瑰、彩叶芋及叶片宽阔的观叶植物等，习惯生活在25℃以上的环境中，一旦气温骤降，根部和叶部都很可能受到严重冻伤，即使没有枯死，第二年的生长也会大打折扣，所以让它们在室内避寒，才是聪明的做法。

在冬天气温很低时，帝王魔星花的盆栽最好摆进室内，以免受到寒冷侵害。

植物有哪些繁殖方式？

播种是繁殖花草树木最常用的方式，植物可以自己进行，人类也可以替它们进行。除了播种之外，还有哪些方法能够大量地繁殖植物呢？方法相当多，最常见的有插枝、插叶、分株、分球等；在无菌室中，则有所谓的组织培养法。

非洲堇可以用插叶的方式快速繁殖，十分有趣。

插枝适用于绝大多数的植物，只要用健壮年轻的枝条来扦插，成活率相当高；插叶适用于像落地生根一般的厚叶性植物；分株法适用于地下茎发达的种类，如野姜花、美人蕉等；分球法适用于球根植物，如百合、大丽花、朱顶红等；组织培养法就是切取植物幼嫩的部位，在无菌而营养丰富的状况下培养，可以在短时间内获得大量苗株，许多农作物都是用这种方法培育幼苗的。

石莲花是一种枝叶肥厚的多肉植物，只要剥下一片叶子，就可以用插叶的方式繁殖小苗。

将植物的枝条插进土里，就能繁殖吗？

繁殖植物有许多方法，最常用的是播种和扦插（插枝）。扦插就是将植物的枝条插进松软的泥土里，并按时浇水，使枝条长根成苗的繁殖方式。一般说来，扦插是最便捷的繁殖方法，不但能获得大型的苗株，甚至当年就可开花结果，真是太棒了。

然而，并不是每一种植物都能够用扦插法来繁殖，像松、杉等优良的树木，它们的枝条很难出根；高级的水果和观赏花卉的枝条，大部分也不易出根，无法用扦插法来获得苗株，只能用播种、嫁接或高压法来繁殖。

不容易生根的枝条，有时可以在生根激素中浸泡一段时间，以促进生根成苗，但这种方法也不一定有效，大家可不要盲从！

扦插育苗的方法

①取带有顶芽的强壮嫩枝，并剪除下部的叶子。

②插于苗床中，保持湿润，放在光线明亮的地方。

③几星期后，若未枯萎，表示已发根成苗，再过一两个月视生长状况就可以移植上盆。

一品红的枝条插进土壤里通常都能顺利成活。

扦插只能用枝条吗?

扦插是无性生殖的代表，对各种农作物和观赏作物的繁殖极为重要；对某些不容易结果的高级园艺作物来说，这种繁殖技术更是不可或缺的。

提到扦插，大多数的人马上会联想到将植物的枝条（插穗）插进土壤里。这个想法当然没有错，可是枝条并不是唯一可以用来插植的部分，叶子、新芽、块根和块茎的切片乃至主根的切段等，都可以拿来当插穗。非洲堇、大岩桐、秋海棠和落地生根的许多同类，都可用叶子来扦插；彩叶草、白鹤芋、棒叶落地生根等则可用新芽来扦插；甘薯和马铃薯的切片也是理想的插穗；蒲公英、牛蒡等主根植物，则可用主根的片段扦插繁殖，成功率都相当高。

秋海棠叶片肥厚，因此可拿来进行叶插，你试过吗?

椒草类也可以用叶插的方式大量而快速地获得苗株。

什么是压条与空中压条？

由于种子发育不良，或用播种法繁殖出来的后代无法保持原先的优良品质，人们就会利用压条或空中压条的方法来获取新苗，用以繁殖品种优良的果树或花卉，确保它们的血统得以延续。

传统的压条法就是将靠近地面的枝条，以捆绑或重物下压的方式拉近地面，再用泥土盖起来，等覆土处生根后，就可切下另行培育。这种传统方法常费时费力且不易进行，于是发展出空中压条法：将半空中的小枝条做环状剥皮，再以潮湿水苔裹住伤口，最后用塑料布包妥，伤口处很容易生根，便可切下成为苗木。以这两种方法繁殖出来的新苗，自然能保有亲本植株的优良品质，所以广受欢迎。

玉兰花不容易结果，因此一般利用空中压条（高压法）的方式来育苗。

这是对茶树的直接压条，必须以小枝丫钉入土中固定。

压条法在固定枝条后，必须再覆土，以利于新根的发育。

嫁接是怎么进行的？

嫁接也是一种无性繁殖方式，通常用在高级的水果和花卉上，过程比扦插麻烦，但是成功后的结果会让主人更加雀跃满意。

嫁接是将某一种植物的枝条（接穗）移接在另一种植物（砧木）的枝条上，这两种植物一般是同种的不同品种，或同属的不同种，乃至同科的不同属成员，如果血缘关系太远，嫁接就很难成功了。嫁接工作开始时，须先将砧木的树枝切断，再从断口处把树皮纵向切开数厘米，接着迅速将表皮切开的接穗镶嵌在砧木枝条的切口上夹紧，再用细绳子捆紧就成了。接穗最好是选择生长旺盛的新生枝条，嫁接的季节宜在温暖的春季，因为这是植物细胞分裂最活跃的时候，所以最易成功。

槭树的嫁接也很常见，通常以本地产的青枫为砧木，再将观叶种的彩叶槭嫁接于其上。嫁接初期为了维持伤口的湿度，会用塑料袋套起来。（上图）

杜鹃花的嫁接常被用在盆景上，以野生的杜鹃花老株当砧木，再将杂交出来的观赏品种嫁接于老干上方。（左图）

嫁接和移植为什么最好选在春天进行？

在花卉、水果和蔬菜的栽培上，嫁接与移植是很重要的栽培技术，方法虽然简单，可是必须在合适的季节进行，才能提高成功率。

最适合嫁接和移植的季节应该是春天，而且是春天刚刚到来的时候。那时候气温开始回升，绵绵春雨带来了丰沛的水量，天地万物复苏，植物所有的细胞都活跃起来，嫁接部位的组织自然容易愈合，移植到新地方的幼苗也很容易长出新根……一切嫁接和移植当然容易成功。

夏季蒸腾量大，嫁接部位容易变得干燥，移植的新苗也可能新根尚未长成就被太阳晒死了！秋冬季，植物进入休眠期，当然也不适合做嫁接和移植。

春季进行嫁接之后，如果将盆景在无叶状态下整个套起来，可以增加存活率。（上图）

番石榴的嫁接通常选在春季进行，成功率最高。（右图）

非洲堇的叶插繁殖要注意哪些要点？

非洲堇是室内盆花，全世界园艺先进的地区都广为栽培。

非洲堇的叶片肥厚硬挺，模样非常可爱，更难能可贵的是叶子可以直接拿来繁殖，让下一代生生不息。不过拿叶子来扦插繁殖（叶插），必须注意若干要点，才能让成活率达到九成以上。要点之一是，切下来的叶子至少要带有4厘米以上的叶柄，以避免叶片直接碰到水或潮湿的土壤；要点之二是，无论插在水中或泥土里，使用的水都不能有污染，免得叶柄切口发霉腐烂；要点之三是，长出的幼苗叶子最好直径在2厘米以上再动手移植，幼苗才不会夭折。

以叶插法繁殖非洲堇，叶柄最好在4厘米以上；给水时不要弄湿叶片，成功率会很高。

非洲堇最适合养在窗台边，若照顾得宜，全年皆可开花。

非洲堇的叶插在盆栽介质干净无菌的状态下进行，很容易长出小苗。

种子很小的花怎么播种？

秋海棠类的种子细小如灰尘，因此播种时务必小心，浇水时也只能以喷雾的方式进行。

种子微小的花卉相当多，如鸡冠花、秋海棠、毛地黄、千日红、醉蝶花、大波斯菊、大花马齿苋等植物的种子都比芝麻还小，因此在播种育苗时必须特别注意，才不会让种子散失或者让幼苗受到伤害。

对于细小的种子，覆土播种已经没有多大意义，因为土层很容易过厚，影响发芽，只要将种子直接撒在土面上就行了。如果想要保险些，那么先用细沙和种子均匀混合，再轻撒在土面上，种子就不容易被风吹走。浇水时，记得使用喷雾器，让水雾去接触地面，绝不可使用浇淋的方式，否则种子会被“大水”冲走。等小苗长出，记得拔除瘦弱倒伏的苗，让较大的苗继续茁壮成长，等到适当的时候再移植，就可以确保它们成长、开花了。

在毛地黄长约 1 厘米的成熟果实中，藏了几百粒以上的细小种子。

播种前，种子为什么要先泡水？

玉米在泡水之后，很容易就发芽了。

很多人都晓得，种子在播种前应该先泡水，发芽才会又快又顺利，这究竟是什么道理呢？

种子的最外层是种皮，种皮里面才是胚胎、胚乳或子叶等构造。如果种皮一直呈干燥状态，那么胚胎便没有办法突破那层干硬的组织，自然也就无法发芽。要是先将种子泡水，种皮便会膨胀、变软，胚根、胚轴也因水而有了活力，就很容易冲破种皮而发芽了。

但有些植物的种子具有相当厚且硬的种皮，连泡水都没有什么作用，这时就得先用小刀甚至铁锤之类的东西将种皮划破或敲出一个小缺口，胚胎才能顺利发芽，顺利成长。

刀豆的种子又大又硬，最好泡水一两天，种子才能更顺利地发芽。

播种时要注意哪些要点？

王瓜的幼苗在日照充足的地方成长，显得生势健壮。

一般人在求学生涯或居家生活中多少会有些播种的经验，比如种绿豆、丝瓜等。在播种的过程中，你曾碰到哪些问题呢？

最常碰到的问题是小豆苗、小瓜苗、小菜苗等长得又瘦又高，或者根本长不大……这究竟是怎么回事呢？问题往往出在阳光不足、养分不够。植物只要有适宜的温度、水分和空气就可以发芽，可是若没有持续的营养供给和足量的日照，发芽的幼苗根本就长不大。因此，用棉花甚至卫生纸等保水基质播种出来的小苗，要细心地移植到有光照的土壤里。如果是用花盆种植，那么还得施些肥料，幼苗才能顺利长大、开花、结果。

香瓜的幼苗必须有充足光照，才能正常生长、茁壮成长。

如何医治生病的植物？

白叶蒿苣上的蚜虫数量颇多，可用杀虫剂来防治。

植物跟动物一样，会有各式各样的疾病困扰，因此要植物（尤其是各种农作物）正常生长，就得随时注意它们的健康，为它们治疗各种疾病。

“对症下药”是医治人类与动物疾病最重要的原则，这一点对植物也一样。首先要确认植物所生的病是细菌性、霉菌性、滤过性病毒还是由各种大小的虫引起的，再选择适当的药剂来喷洒；不过，在使用这些杀菌或杀虫的农药时，一定要注意自身的安全。如果是昆虫性的病害，那么用遮虫网来加以防治，也是一个好办法。

如果是因为缺乏某一种营养素而引起的生理疾病，就得赶紧施肥，不过千万别过量，否则很可能引发其他的病症，那就不好医治了。

叶片上有昆虫幼虫为害的情况，可用遮虫网来预防。

连日下雨之后出太阳，为什么有些植物会枯死？

长期的梅雨季节之后，原本看起来生机盎然的蔬菜或花草在烈日的曝晒下，有一部分居然枯死了，可是土壤并没有干呀，这是为什么呢？

原来，在连续下雨的日子里，若是土壤（颗粒较细的黏土）排水不良，那么生长其间的植物很可能就会因为根部呼吸困难而坏死，等天气好转之后，阳光会使茎叶蒸发掉很多水分，此时根部已受损，再也无法大量吸收水分来补充，最后植物当然只有枯死一条路！这种情形跟盆栽浇水浇太多导致盆内积水，根部无法呼吸，终于被太阳晒死的状况是一样的。唯有平常多注意土壤的排水情形，才能确保心爱的植物不致死于非命。

土壤排水不良，使根部无法呼吸而导致枯萎。

连日下雨之后出大太阳，有些植物反倒会出现枯萎的现象，萵苣尤其明显。

日当正午时能不能为植物浇水？

日当正午时，最好暂时不要给植物浇水，以免根部因土壤中的温度急剧变化而受伤。

夏季的晴天，每当中午太阳直射时，那种高温炙热的情况，真是叫人受不了，就连喜好日光浴的花花草草，也往往低下了头，一副无精打采的样子。

看到心爱的植物垂头丧气，很多人会很快地联想到是缺水，于是拿起水管或水桶，不管三七二十一就给它们来个清凉淋浴，这种做法对吗？

如果是盆栽的花草，花盆内的土壤在正午时必然很烫，用冷水浇下去，植物的根部反而容易因温度剧变而受伤，所以最好等傍晚时再浇水。如果花草是种在地上的，土壤中的气温可能不会很高，所以中午浇水，对植物不太会构成伤害，不过除非花草眼看着就快枯死了，否则还是等太阳下山后再浇水比较好。

向日葵是大型草本植物，需水量很大，但日当正午时最好不要给水，等傍晚时再浇灌。

浇水过多，为什么植物会枯死？

浇水过多，土壤通气状况不佳，植物反倒长得不好。

大家也许都有种花种菜的经验，对于自己亲手栽培的花草蔬菜，总是特别照顾和关心。可是时常因为担心它们水分不够、营养不良，因此每天让它们吃三餐，又是浇水，又是施肥的，而结果呢？

结果是植物不但没有快速生长，反而每况愈下，有的叶子变黄，有的逐渐枯萎，看着真叫人伤心难过哪！

浇水过多和施肥太多对植物都是不好的，为什么呢？先说浇水吧！水分给得太多的话，会使盆土表面一直呈湿润状态，造成土壤中缺乏空气流通的空隙，根部自然就生长不良，茎和叶子也就跟着遭殃。

想自己栽种植物，浇水也是一门学问。

这是瓜叶菊，主人浇水过多，植株反倒呈半枯萎状态。

为什么缺水时要休耕？

每年的二三月间，正当冬季逐渐远去，春季即将降临的时候，如果台湾中南部一直没有足够的雨量，相关部门就会鼓励农民休耕。这是为什么呢？

二三月是中南部春耕的时节，农民会在此时将秧苗插在水田里，如果雨量不够，就得抽取地下水来灌溉，否则秧苗将因缺水而发育不良，将来收获也会成问题。如果抽取地下水来灌溉，一方面会增加成本，另一方面则会引发地层下陷的危机，所以也不是好办法。因此，初春时节，如果各地降雨量不足，水库没有积蓄大量的灌溉用水，农政部门就会劝导农民改种旱地作物，并拨款补贴休耕稻田的农民，好让农家都有好日子过。

休耕的田里常会长出一大堆杂草，等到复耕时，就可以将它们犁入田中当肥料了。

油菜常被种在休耕的田里，将来可采收油菜籽，也可以不采收而当成绿肥。

多施肥，植物就会长得更好吗？

肥料用得太多了，使小黄瓜因为脱水而呈枯萎状态。

施肥不当使这些树苗都快枯死了，好可惜！

我们曾说过，浇水太多和施肥太多对植物都不好，浇水太多的结果已经说明过了，这儿就来解释施肥太多的害处。

肥料通常是靠植物的根部来吸收的，它们以渗透的方式进到植物根部的细胞中，再由下往上输送到植物体的各部位。如果施肥太多，那就意味着土壤中养分的浓度很高，植物根部不但吸收不了，而且根部细胞会发生反渗透的现象，使细胞质的水分反渗出到土壤中。细胞内一旦缺水，后果自然就相当严重了，有时候连急救都来不及。

因此，给植物施肥一定要适可而止，宁可少而绝不可多，两三个月给一点儿就行了。

液体肥料需依稀释比例，以浇水的方式施肥。

固体肥料可直接放置在盆土上，慢慢被植物吸收。

室内植物移到室外会长得更好吗？

在人们越来越重视生活质量的现代，许多住家、办公室、礼堂或会议场所、商店等，都会在室内摆设各种观叶植物或室内盆栽，一方面有美化绿化的作用，另一方面则增加清凉感和自然感。

这些室内植物如果移到室外种植，结果会更好吗？答案是“不一定”。因为能够长期置放在室内的植物，它们早已适应弱光的环境，叶片表面没有什么保护构造，叶肉组织也较薄，一旦移往室外，可能很快就被太阳晒焦；相反地，只能短暂搬进室内的盆栽，大都必须在充足的光照下才能顺利开花，所以移往户外，不但枝叶会长得更壮硕，花朵也会开得更多更美。

移到室外后，发财树不但长得更高更壮，而且会开出黄白色的花朵。

养在盆子里的发财树通常被放在室内栽培，但是室内环境无法使它们开花。

为什么有些植物要遮光栽培？

读者们是不是参观过兰园、香菇寮、木耳寮或万年青温室？这些栽培植物的场所必须要有遮光的设备，才能让里头的作物正常生长，为什么呢？

兰园内的各种兰花，不论是国兰或洋兰，原本都生长在树林中，在树冠的荫庇下成长、开花；移出森林外种植，就得模仿它们原先的生活环境，用各种塑料网遮去部分阳光，才不致让它们受到灼伤。万年青本来也生长在热带丛林里，所以也必须在遮光的保护下，才能正常成长。香菇及木耳属于低等的菌类植物，它们在阴凉潮湿的状态下才能快速增殖；如果不遮光，根本就长不出来。好有趣的特性，对不对？

蝴蝶兰的品种很多，但都必须在遮光的环境下培养才能正常生长。（上图）
石斛必须遮光栽培，才能开出这么美的花。（左图）

新种的树为什么常用草绳捆起来？

公园、校园或人行道旁，常会有一些新种的树，它们的树干上往往被人捆了一层草绳，你知道为什么要这样做吗？

大树在移植之前，通常必须将大部分树根和枝叶切除，才方便搬运和重新种植。但是除去根部的大树，短时间内再也无法吸收足够的水分，如果不将树干捆绑起来，那么树皮和留下来的枝叶，仍然会蒸发掉不少水分。这么一来，地面下吸水不足，地面上却不断地消耗，不出多少日子，大树就会干死。所以说，捆一层草绳，是为了防止水分过度蒸发，等新的根系和茎叶长出来后，再把草绳拿掉，就不会有问题了。

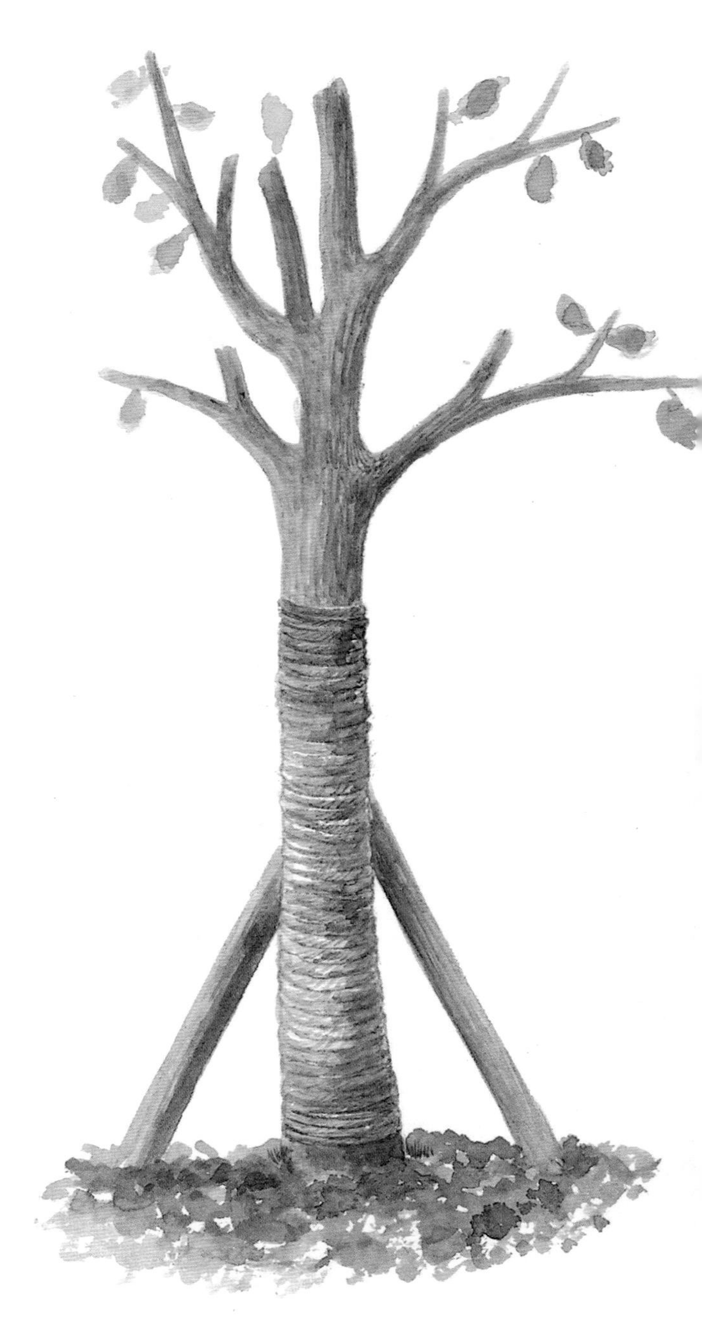

新种的树为了防止水分过度蒸发，常用草绳捆住树干。

草地为什么比裸露地湿润？

有时候，我们看到一块绿绿的草地，会忍不住一屁股坐下去，可是说也奇怪，明明旁边的沙土地是干干的，为什么在草地坐一会儿之后，裤子会湿湿的呢？

草地就是有禾本科、莎草科草类或其他小野花生长的地方。这些植物虽然个子不大，却有发达的根系，能从土壤颗粒中吸取水分，来供应光合作用和生长的需要。只要土层中的水分够用，每一棵草的体内都会积存一些水，它们叶子上的气孔，也会防止水分的过度蒸发，所以草地总是带有水气的。相反，裸露的地表由于没有植物生长，土壤中的水分很快就会汽化而上升到半空中，地面自然就干干的，坐得再久，裤子也湿不了。

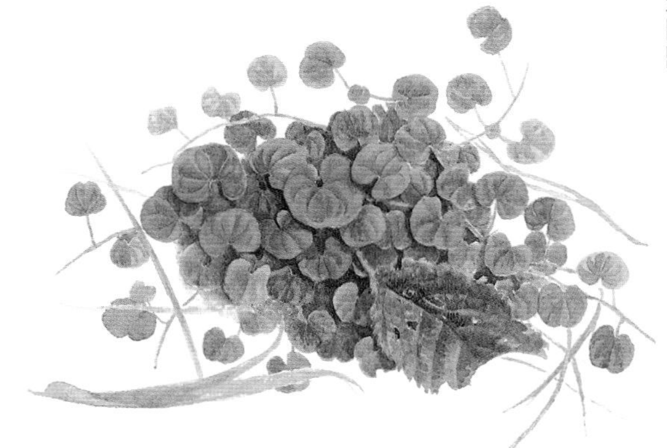
马蹄金造型可爱，贴地性强，蔓延快速，是极佳的庭院草皮植物。

大片的草地经常能保持湿润，除了禾草和莎草之外，也会有其他野花的种子在上面发芽生长。

草坪种什么草最好？

狗牙根茎叶纤细，很耐践踏，是草坪优先选择的植物素材之一。

马蹄金的叶子呈圆肾形，造型玲珑可爱，除了绿化草坪之外还可以拿来当药材。

草坪是庭院、公园、校园及高尔夫球场上常见的绿地，它不仅提供环境绿化、美化的效果，还可以让人休憩乃至于活动等，用处相当广泛。

由于草坪很难避免被人们践踏、破坏，所以除了平常要注意保养和维护外，对草坪上的植物，也应选择适当的种类，才能在任何时候都保持相当平整和绿意。

草坪上的植物种类最好是匍匐性的，贴地性越强越佳，因为这样比较耐践踏；其次应该选择分蘖性强的，也就是很善于分枝和长芽的植物，这样才容易将草坪盖满；最后要选择的是四季常绿植物。符合这三大要素的种类有假俭草、狗牙根、马蹄金、细叶结缕草等。

马蹄金常形成大群落贴地而生，颇适合养在草坪或安全岛中。

浴室里可以养植物吗？

当我们逛花市、花店的时候，很可能会买回一些喜好潮湿的观叶植物，如铁线蕨、肾蕨、巢蕨、冷水花、彩叶芋、万年青等。卖花的人会告诉你要摆在阴凉潮湿的地方，于是有些人就自作聪明，将它们养在最潮湿的浴室里，结果会怎样呢？

绝大多数的情况是，那些观叶植物在浴室里待了一段时间之后，不是叶子变黄，就是新叶越长越小，或者产生徒长、瘦弱的现象，跟原来漂亮、生意盎然的模样大不相同了，真叫人大伤脑筋！怎么会这样呢？

原来，大部分的浴室是通风不良且光线不足的，加上洗澡时热气腾腾，虽然湿度够，却不是良好的生长环境，所以最好不要将观叶植物养在浴室里，除非你家的浴室又大又通风，采光情形也不错。

彩叶芋在明亮的浴室里也可以正常生长。

如果浴室中有良好的通风，并有明亮的大窗子，那么铁线蕨应该可以长得不错。

水芙蓉可以放在室内吗？

水芙蓉又叫大薸、大萍，属于浮水性水生植物。

水芙蓉（大薸）是水生植物，因为植株的模样有如一朵芙蓉花而得名。花市或花店里可以买到这种长相奇特可爱的浮水植物，花农通常会用透明玻璃缸装着它，让消费者既能欣赏它的叶，也能观察它漂亮的根。

很多人买回瓶装的水芙蓉后，就将它摆在客厅或办公室里，像养金鱼或黄金葛一样。起先一两周内，水芙蓉似乎适应得不错，可是两周以后，情况就不同了：老叶开始变黄变丑，甚至腐烂；新叶则长不出来，一副垂死的模样，为什么呢？因为水芙蓉需要充足的光照，也需要流通的空气，室内环境很难有这两项条件，自然不适合它。

水芙蓉有发达的须根，用透明容器养起来，就成了优良的观叶植物。

水芙蓉喜爱阳光，不过也可以放置在室内明亮处培养，大人、小孩皆可胜任这一工作。

蝴蝶兰种在瓷盆里会长不好？

瓦盆或蛇木盆是栽种蝴蝶兰较佳的选择，能使根部的通气性较好。

蝴蝶兰是妇孺皆知的观赏兰花，曾在过去和最近的世界性花展中，为我们争得相当大的荣耀。

从花店买回的瓷盆栽蝴蝶兰，为什么开过花就长不好呢？最主要的原因就是通气不良。蝴蝶兰原始的生长环境是高温、阴凉、潮湿、通风的热带丛林，它利用发达的气生根，将自己牢牢地依附在树干或树枝上，终日与空气和雨雾为伍。而瓷盆栽培的个体，气生根已被深埋起来，盆子四周又缺乏通气的孔洞，久而久之，根部自然会停止生长，枝叶当然也跟着垂头丧气了。

花商为了美观，才将蝴蝶兰种植在瓷盆里出售。买回后应该立即换盆（瓦盆），或将它种在蛇木盆上，就可以使蝴蝶兰欣欣向荣了。

仙人掌可以直接晒太阳吗？

仙人掌是一种肉质性的植物，生长在干燥地区，它们全身都演变成防晒防干燥的构造，即使很久不下雨、不给水，也不会对它们造成严重的伤害，真是一种奇妙而可爱的植物。

目前市面上可以买到各式各样的仙人掌盆栽，由于设计精巧，颇受消费者欢迎。但是很多人买回去以后，随意摆在太阳晒得到的地方，结果才不过两三周，盆子里的主角就逐一腐烂了，这是怎么回事呢？

仙人掌并不是怕太阳直射，而是怕高温之后的潮湿。太阳直接晒得到的地方，往往雨也淋得到，要是再频繁地浇水，那么它们肉质的身躯是很容易腐烂的。

最好的摆置地点是有透明塑料板遮盖的阳台，雨淋不到，日当正午时不浇水，就可以养好它们了。

仙人掌要种在阳光晒得到、雨却淋不到的地方，才能正常生长并开花。

水仙为什么用清水栽培就能开花？

每年的春节前后，花市花店里都会有大量的水仙上市，有的卖它的鳞茎，有的卖它的盆栽，大家争相选购，希望逢年过节时，增添几分喜气和香气。

水仙盆栽大部分是用清水栽培的，为什么光有清水，它就能开花呢？其他花卉差不多都要施肥才能成长开花，它为什么不需要呢？

原来，在水仙花的鳞茎里，早就储存着丰富的养料了。在它开花之前，必须先经过两三年的生长，让各种养分累积到足够的量以后，才会开花。因此，如果买回来的鳞茎太小，便可能只会长叶子，而不会抽蕾吐芳。由此可知，选购水仙花球茎时，一定要挑又肥又大的。

水栽培的方式

①将球根固定在容器中。

②放在光线明亮处，约两星期后会长出绿叶。

水仙花的鳞茎里储藏着大量养分，即使只用清水栽培，也能顺利开花。但开花之后，球根通常无法再繁殖利用，只好丢弃。

第6章
植物之最 Q&A

最长寿的树是哪一种？

世界上最长寿的植物是什么，你答得出来吗？也许你会想到又大又老的神木，但神木只是老树之一，还有一些长寿的植物，长得并不是很壮硕，龙舌兰科家族中的龙血树便是其中之一。

生长在澳大利亚悉尼植物园的一棵龙血树，据估计已有 8000 年的寿命，它大约只有 21 米高，分枝也不多，但可看出“老态龙钟”的模样。在美国的加州海岸，有树龄高达 3500 余岁的巨杉；在西部山区，则有 5000 岁以上高龄的长寿松。在非洲的刚果等地，有一种被称为猴面包树的植物，

此秋枫树王已超过 1200 岁，算是很长寿的树。

樟树神木可以活 2000 年以上，也是一种很长寿的树。

可以活 2000 ~ 5000 年，它的身高虽然只有 18 米左右，如瓶子般的树干却有 10 米以上的直径，真是不可思议。中国台湾十几年前也开始大量种植这种果实可以吃的奇特树木，有 3000 岁以上高龄的红桧神木（阿里山神木和拉拉山神木等）及樟树神木（信义乡神木村），也有年龄超过 1200 岁的秋枫神木，而树龄在 1000 岁上下的樟树、榕树、秋枫则在好几个县市都有。

长寿树除了先天的优异条件之外，也必须要有后天条件的配合，才能安享天年。后天条件包括避免雷击、防治虫害及禁止人为破坏等。每一棵老树都是珍贵的资产，不管它们长在公有土地还是私有土地上，最好都能切实加以保护。

全世界最大的植物是什么？

红桧巨木有时候树干呈扁平状，仿佛一面宽阔的山壁，蔚为奇观。

世界最大的植物当然是各式各样的神木，它的种类很多，杉、柏、松、榕、樟等应有尽有。其中尤以杉树类及柏树类最大，像扁柏、红桧、巨杉、红杉等，都是植物界的巨无霸，其全株的重量往往达五六千吨，真是难以想象。

不过究竟哪一种神木才是世界最大、最重的树，这恐怕很难有一个定论，因为地球上还没有被人类勘探调查过的原始林仍然很多，每年都会有新的“巨无霸”被发现，而且每一棵巨木的株形、高度、覆盖度（枝叶生长所覆盖的面积）等都不一样，估计出来的重量也就很难做比较。因此，我们只能说，全世界最大的树是哪一类或哪一种植物，很难认定哪一棵是最大的。

全世界最小的植物是什么？

这里所说的植物指的是会开花的高等植物，因为不会开花的藻类或真菌类有的只有单细胞，必须用显微镜才能观察，很不容易比较，所以不在这儿讨论。

最小的高等植物应该是漂浮在水面上的浮萍类，它们的躯体没有茎和叶的区别，扁扁平平的，植物学上称为叶状体。一般说来，浮萍类的叶状体长、宽都只有 1 至 8 毫米，在叶状体下方通常有一至数条白色半透明的根。但是在浮萍类中有一个特殊分子叫无根萍或水蚤萍，它不仅叶状体下方没有根，而且整个叶状体的长度也只有半毫米，宽度只有 0.2 至 0.4 毫米，真是超袖珍型的小不点。要不是经常成群繁生，还真不容易发现它的存在呢！

无根萍可以算是全世界最小的显花植物了，它的身子小得连 1 毫米（0.1 厘米）都不到，真是不可思议。

长得最慢的树是哪一种？

你注意过吗？在你日常看过的树当中，哪一种长得最快？哪一种又长得最慢？不论你说的是哪一种，相信都不是本篇的主角。

长得快的树木有很多种，主要是原产于热带或亚热带的种类。中国台湾的山黄麻、血桐等，生长速度也相当惊人，一年增长的长度可达1米，不过由于没有人做过测量，所以究竟谁是长得最快的树，不在这儿多谈论。

中国台湾有一种生长得很慢的树，名叫毛柿，它是一种常绿性的大乔木，但是树干的直径增加得很慢。据统计，它一百年大约只加粗10厘米，而生长在澳大利亚干燥地区的草树(也叫禾叶木或禾穗木),长得更慢，大约一百年只加粗2.5厘米而已，堪称全世界长得最慢的树了。

草树的树干像铁树，也像椰子类植物，长度在1.5至2.5米间，直径约20厘米；像草一样的叶子成丛长在干顶，长度约1米，但宽度只有0.4厘米左右；成熟后的植株会从茎顶的叶丛间抽出长达1米的花穗，开出密密麻麻的小花，真是有意思哩！

草树长得像草又像树，生长速度也是出奇地慢，中国台湾目前还不容易见到。

毛柿是中国台湾长得最慢的树之一，一百年大约只加粗 10 厘米。

最大的竹子在哪里？

全世界的竹子总共有1200余种，你知道哪一种最大吗？要到哪里才看得到最大的竹子呢？

在常见的竹子当中，孟宗竹和麻竹是较大的，但是仍然比不上壮硕的巨竹。巨竹可真是“竹如其名”，不但在一天内就可生长40厘米以上，竹秆最终还可长达30米左右，直径则可达30厘米，节与节之间（节间）的长度约在40厘米左右，老远就可加以辨识。

巨竹是热带竹类，原产于马达加斯加、马来西亚、泰国、印度等地，1966年开始陆续引入中国台湾，目前已经在各地竹类标本园中栽培，北、中、南、东各区都可以看到。

巨竹的材质优良，可用于建筑、制造农具、家具、编织、工艺、造纸等。另外，它的竹笋头大而味美，一支巨竹笋约可抵八支麻竹笋，如果能大规模栽培再上市，应该会大受欢迎。

巨竹是最大的竹子，竹秆直径可达30厘米。

这是巨竹的植株，中国台湾各地的平地都可以栽培。

最原始的植物是什么？

原始的植物就是早在几亿或几千万年前出现在地球上的植物。它们可能和恐龙并存，也可能比恐龙更早来到这个世界上；可是它们对环境的适应力，比恐龙更强，有些种类到现在还有存活。它们不但让人类可以追踪生物演化的轨迹，也让我们知道史前植物的长相，可以说是既重要又可爱的“活化石”！

原始活化石植物中，最特殊的要属“松叶蕨”了！它既没有根，也没有真正的叶子，只能靠假根来吸收水分，茎部细细的，不断地作二叉状分枝，最后变成簇生的模样，有如成丛的松叶一般，“松叶蕨”的名号就是这么来的。

松叶蕨是标准的着生性（附着在其他树的树干上生活的）植物，亿万年来，它始终没有改变传统的生活习惯，不是以桫椤（一种树状的大型蕨类,例如笔筒树）的茎干为家，就是居住在腐朽的木头上。它几乎不曾与土壤接触，这是因为土壤通气不良，会阻碍它生长。

松叶蕨类既然没有叶子，它怎么进行光合作用、制造养料呢？放心，它能够经历亿万年的地壳变动而留存下来，绝对是有两把刷子的。它那松叶般的分枝从上到下都是清一色的绿，可取代叶子的功能，而且它能在森林里微弱的光源中进行光合作用，所以只要有充足的水分供应，它就能欣欣向荣了。

跟所有的蕨类植物一样，松叶蕨也用孢子来繁殖后代。它的孢子隐藏在孢子囊中，孢子囊每三个合生在一起，成熟时便变成橙黄色。一旦孢子成熟,合生的孢子囊就会裂开，让粉末状的孢子随风飞散，到处寻找新的立足点。

松叶蕨是现存最原始的维管束植物，它以着生的方式生长，连市区的榕树上也可以见到。它也常附着在桫椤科植物的茎干上，偶尔才出现在阔叶树的腐木上。

松叶蕨可说是宝岛台湾森林中的常客，我们应该很庆幸，因为它实在是植物界中的瑰宝。从海拔 200 至 300 米，到接近 2000 米的树林里,凡是湿度够、经常雨雾弥漫的角落，都可能有它的芳踪。多在桫椤类的茎干和腐木上搜寻，应该很容易和它碰面。

将松叶蕨变成观赏植物并不难，只要用蛇木屑当栽培土，为它布置一个通风、凉爽、潮湿的环境，它就会终年以翠绿来作为回报。

最大的板根植物在哪里？

板根，是热带雨林中的植物为了抵御强风或暴雨的吹刮和冲刷，所演化出来的求生技能。你可知道有哪些植物会形成板根？哪一种植物的板根最大、最高？会形成板根的植物至少有二三十种，其中较常见的有凤凰木、木麻黄、大叶山榄、菲律宾榕、九丁榕、银叶树及菲律宾紫檀等，但根据生态学者们的丈量和统计，以银叶树的板根最高大。

一棵生长在垦丁森林游乐园的银叶树，大大小小的板根居然有 18 块之多，最大的一片长达 110 厘米，可以算是最大的板根了。该棵银叶树年纪约有 350 岁，树高则有 15 米左右，还没见过它的人，不妨早日抽空去拜访。

银叶树的果枝其实蛮美的，成熟的果实还可以当摆饰。

银叶树可以说是最大的板根植物，板状的根部真是叫人叹为观止。

哪种植物的棘刺最怪异？

柚子、玫瑰、含羞草、美丽异木棉、木棉、刺桐、鲁花树、椿叶花椒、蓟及各类悬钩子等，都是富含棘刺的植物，它们的茎枝、树干、叶子乃至花梗、花萼等，往往都布满了大大小小的棘刺，让人类或其他动物不敢轻易接近。

植物的棘刺一般都是单一而不分叉的，有的长，有的短，通常呈笔直状，也有时会略作弯曲。有些棘刺是由表皮细胞衍生而成的，例如玫瑰、含羞草及其他蔷薇属的植物；有些则是在表皮内部形成，再由内而外穿透出来，例如柚子、鲁花树等。还有一些植物的棘刺是先长出一些瘤状的刺座，再由刺座中央长出一些短刺，我们称之为瘤刺，例如木棉、美丽异木棉、椿叶花椒等。

蓟类植物的棘刺很特别，叶片边缘、总苞片上都长满了尖刺，自卫的能力很强。

恒春皂荚是豆科植物，它的树干上长满了怪异的棘刺。棘刺不但具有分枝，还有二回以上的分枝，真是太奇特了。

不管哪一种棘刺，说起来都不会让人觉得很突出、很特别，因为它们都很常见。可是，当你看到恒春皂荚的棘刺时，一定会啧啧称奇并自然地停下脚步来多瞧几眼。恒春皂荚幼株的棘刺还不怎么样，只是主棘刺旁多了些支棘而已；但随着年岁的增长，它的棘刺会越长越大，分枝也越来越多，于是整个棘刺成团成簇，虽然显得面目狰狞，但其实也蛮特殊、可爱的。

将恒春皂荚的棘刺取下后晒干，称为皂刺或皂刺针，可以用来治疗恶疮、痈肿等，没有想到吧！

世界上最长和最大的萝卜在哪里？

萝卜是大家熟知的蔬菜，其长度、形状和重量在大家的脑海里差不多都有一个谱儿，不会相差太远。

我们常吃的萝卜长度在20厘米左右，较修长的品种大概也很少超过30厘米，这跟全世界最长的萝卜比起来，真有如天壤之别呢！

全世界最长的萝卜是原产于日本大阪府守口市的守口萝卜，它的长度至少有100厘米，最长的记录居然超过170厘米，比许多东方人的身高还长，真是很有意思！守口萝卜在过去必须采用人力慢慢挖掘，农夫非常辛苦；现在则利用机械来收获，种的人也就轻松多了。

全世界最大的萝卜也产在日本，芳名叫樱岛萝卜。

樱岛萝卜究竟有多大多重呢？你是不是猜得出来？平常我们吃的萝卜，重量顶多1千克左右，而樱岛萝卜至少在20千克以上，最重的达35千克左右，个子小一点儿的小朋友如果跟它一起坐跷跷板，很快就会被抬起来。

樱岛萝卜喜欢生长在含有火山灰的土壤中，收获时往往令人汗流浃背，因为拔萝卜辛苦，扛萝卜更辛苦，要不是机械可以取代人力，还真不知道有多少人愿意长期栽培它呢？

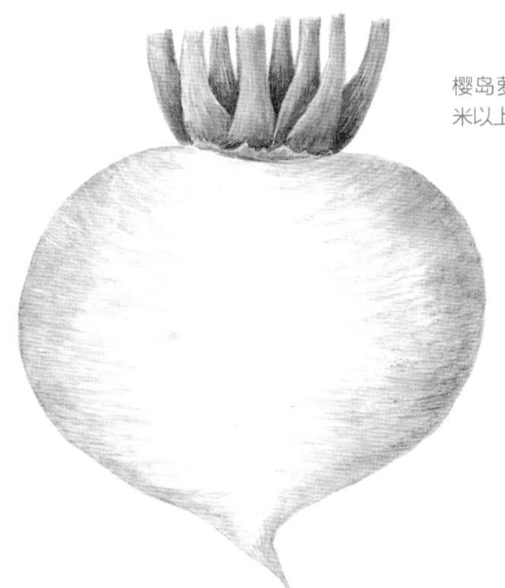

樱岛萝卜的长度在20厘米以上，最重达35千克。

守口萝卜的长度在100厘米以上，最长超过170厘米。

哪一种植物的叶片最大？

全世界叶子最大的植物是什么，它究竟有多大，生长在什么地方？

也许有些人会想到香蕉或芭蕉叶，不错，它们的叶子已经很大了，只是最长的也不过1米多而已（叶柄不算），而且叶片经常会横向裂开，破坏了完整性，使它们看起来并不是那么长，那么大，真是可惜！

全世界最大的单片叶子（复叶不算）应该是王莲的叶子，它生长在南美洲的亚马孙河中，一片片浮在水面上，叶形圆圆的，边缘还竖起来，有如一个大澡盆，直径可达2米，可载重50千克左右，许多女人或小孩子都可以稳坐在上头，多奇妙呀！

台湾全岛各地的植物园、校园、公园或私人的水生植物池里，也栽培了零星的王莲，读者若有心，一定很容易亲眼目睹。只是台湾种的王莲，叶片不太容易达到2米，可不要失望哦！

王莲的花呈粉红色。

王莲的叶子是植物界最大的叶片，直径可达2米左右，载重则达50千克左右。

哪一种植物的叶子最特殊？

十字架树的叶子非常特别，一片片绿十字高挂在枝头，真是太神奇了。

这是一种特殊的三出叶，只不过在总叶柄两侧长出了叶片状的翼，而三片小叶又没有小叶柄，因此使整个三出叶呈十字形。

在植物界中，卵形叶、椭圆形叶、披针形叶到处都有；圆形叶、盾形叶、三角形叶也不少；而针形、线形、提琴形、螺旋形等也不难见到。可是，读者们见过十字形的叶子吗?

我想，99.9% 的人一定会猛摇头，而且心里想："十字形叶，开玩笑，这怎么可能？"眼见为实，在植物世界里真的是无奇不有，这种"绿十字"对许多植物学家来说都是个大惊奇，更遑论不是学植物学的各位呢!

其实这种十字形叶并不是单一的叶片，而是一种特殊的三出叶，只不过三出叶的总叶柄的两侧长出了叶片状的翼，就使整个复叶变成十字形了。

十字架树是一种常绿小乔木，属于紫葳科家族，老家远在北美中部，虽然早在1935 年就被园艺家引进中国台湾，但是不仅栽培的地点有限，生长状况也不是很好。目前只有台湾大学的校园内有一棵，虽然会开花，却不能结出漂亮的果实，显然是因为水土不服。

十字架树不仅叶形独特，开花的情形也与众不同。每年的 6 至 11 月在粗壮的主干或大分枝上，会冒出一朵朵暗紫红色的花，花萼也呈红褐或红紫色，而且花瓣整个合生成筒状，花朵凋谢后，整个筒状花冠连同雄蕊落地，留下花萼和一根长长的花柱，也是一个奇观。

什么植物的花最大？

全世界最大的花是什么？它有多大？生长在哪里？在台湾地区能看得到吗？

全世界最大的花叫大王花或大花草，生长在印度尼西亚所属的苏门答腊岛以及加里曼丹岛，全株呈橘红色，花朵直径可达 1.5 米，重量达 5 ～ 8 千克。

大王花是一种寄生植物，所以没有茎，也没有叶。它的花蕾刚冒出来的时候，差不多相当于一个乒乓球大，几个月以后，才长成像大白菜（或卷心菜）一般大小，紧接着快速长大，并将五瓣花绽放开来。开花时间只有 4 ～ 5 天，真是一种奇妙的植物。

台湾地区看不到活生生的大王花，好可惜。不过台湾博物馆收藏着它的生态标本，并且不定期展出，大家可把握机会前往瞧瞧。

大王花花蕾逐渐长大后，外观会呈现出红褐色的卷心菜模样，很容易辨识。

花盛开的时间应该是在气候暖和的晚上，一朵花绽放的时间只有三四天。

大王花的构造

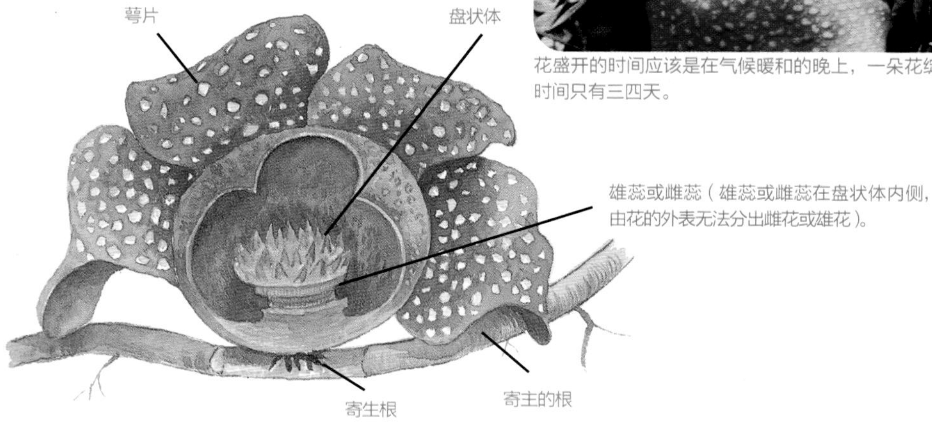

什么植物的花最小?

老鼠芳的花也小得难以用肉眼观察，必须借助显微镜，才能看清楚花瓣与花蕊的构造。(图为老鼠芳的雄花序)

在植物界，最小的花是什么样子，你知道吗?

最小的花其实遍地都是，只是大家不知道、不曾仔细观察而已。许多禾本科和莎草科植物，就是最小的花的拥有者，别以为它们开起花来总是成串成穗的，那串串的花穗绝不是单一的花，而是好几十甚至好几百朵花的集合体。

组成花穗(或称花序)的基本单位是小穗，每一个小穗含一至数朵花，等我们把小穗用针头挑开，想观察真正的小花时，那早已不是肉眼能胜任的事了。所以说，最小的花虽然普遍存在，但因花朵长度或直径往往在1毫米以下，又层层包叠，还真不容易观察、欣赏呢!

最小的花应该是禾本科或莎草科等单子叶植物的花，玉米也是其中之一。不过比起许多袖珍型禾草类的花，玉米花算是很大了。(图为玉米的雄花)

哪一种植物的花雄蕊最多？

几年前，头一次获悉这种名为棋盘脚树的海边巨木有与众不同的花果时，就决意去拍摄它的生态照片。但三番五次到达垦丁热带海岸林现场,见到的只是满地的落花。原来，这大白花跟昙花一样是在夜里吐芳，而在朝阳初起后凋零。

棋盘脚树之名来自其果实。从果实的基部（果蒂处）看，底面呈边长约 9 厘米的正方形，跟缩小的围棋盘没什么两样；从果实的侧面看，却又呈四方的锥形，好比棋盘加了脚一般。又由于果实大小及外观如台湾肉粽，因此当地人也叫它垦丁肉粽。

棋盘脚树的花有一个植物界最大的特征，就是雄蕊数目之多为所有高等植物之冠。曾经有人细数，发现其雄蕊数量均多达 430 枚以上，最多更达 460 枚。有谁见过一朵花里头雄蕊数超过这个数目的？当这种植物的雌蕊真过瘾，因为每一朵花中雌蕊只有一枚。

它的果皮含大量的纤维质及木栓质，故质量颇轻，能随海潮漂流，伺机另辟天下。棋盘脚树目前已被列入台湾濒临灭绝的稀有植物，因为它生长的台湾南部海岸，几十年来只有破坏而少有建设。在窄小的空间中，要想恢复昔日的族群数量，恐怕不是一件容易的事。

台湾北部另有一种棋盘脚树，个儿较小，花果也较袖珍，但花开成穗，花朵柔美，芳名叫穗花棋盘脚树，是很理想的庭园树种，其花朵也在夜间绽放。

除了棋盘脚树之外，仙人掌科家族中的三角仙人掌、火龙果及睡莲科家族中的某些睡莲，也有多达数百枚的雄蕊，究竟谁才是雄蕊最多的植物，恐怕还有待求证。

棋盘脚树的雄蕊有 450 枚左右，其花丝下白上红，相当细致。

三角仙人掌的花有多达几百枚的雄蕊，雌蕊则极端粗大，并有十几裂的柱头，造型堪称奇特。

花穗最长且花开最多的是哪一种植物？

两个年轻力壮的英国人结伴徒步环游世界，1975 年夏天，他们来到了墨西哥境内。

在一处干燥的草原附近，两个人同时被眼前的景象迷住了。那是他们游遍了几十个国家都没见过的东西——一根酷似象鼻的绿白色怪物横立在半空中，长度足足有 6 米，无数的小花长在上头，成群的蜂蝶飞来飞去……他们逗留了很久，因为那景象实在太奇怪、太有趣了。

那两个生长在英国的老外，当然没有见过这种热带性的植物。它是一种龙舌兰，花穗上端自然弯曲，所以植物学家就为它取名象鼻龙舌兰，不过也有人根据它那翠绿的叶子，而称它翠绿龙舌兰。

一根象鼻龙舌兰花穗上的小花少说也有万朵以上，但是说来奇怪，它根本是以“花海”取胜而已，尽管吸引了无数昆虫帮它授粉做媒，但是结出来的果实寥寥可数，要不是花茎上能长出不定芽，母株旁边也能长出吸芽，真不知它要靠什么来繁衍后代！

中国台湾曾经在 1969 年和 1972 年，至少两度引进这种龙舌兰科的奇妙植物，但目前似乎还没有到开花的阶段，否则新闻一定早就报出来了。除了原产地墨西哥之外，南非等著名旅游胜地也都有这种植物，笔者的父亲身高近 1.8 米，他在南非扛起一根并不是最大的象鼻龙舌兰，还是很吃力哪！

象鼻龙舌兰有象鼻形的长花穗，整个花序上有上万朵的花，长度则达四五米。

最大的果实是哪一种？

一般的南瓜仅数斤重。

南瓜大赛中常见的南瓜王，动辄四五百千克。

全世界最大的果实绝对非大南瓜莫属，每年秋季的万圣节前，美国人一定会举办南瓜大赛，届时一个个超级的南瓜王就会纷纷露脸，让人叹为观止。

平常我们吃的南瓜重量不过一至数公斤，但因品种及栽培方法得宜，参赛的大南瓜动辄两三百公斤，1996年纽约州还出现了迄今为止最大的南瓜王，它的重量居然达到481公斤，真是不可思议啊！

超级大南瓜的栽培除了日照充足、灌水足够的基本条件外，在成长过程中，还得不停地给植株喷施营养素，并摘去同一植株上其他的雌、雄花，好让养分都储存到那颗准备用来比赛的果实中。

上述的巨无霸南瓜是由一对营养学家查尔夫妇栽种出来的，它的高度达91厘米，宽137厘米，果实的圆周则有441厘米，真够吓人的。

最大的种子是哪一种？

全世界最大的种子，不是生长在最大的果实中，它是一种椰子类的种子，植物名称叫海椰子（或复椰子），生长在印度洋的塞舌耳群岛上。

海椰子的植株外观，跟一般的椰子（在高雄及屏东等地极为常见）并没有明显的差别，不过结的果实比较少，所以果实比椰子大得多，里头的种子长度可达45厘米，宽度30厘米，厚度则在25厘米左右，重达20 ~ 30千克，几乎相当于整个大西瓜的重量，够吓人了吧！

最长的果串是什么？

什么植物会结一串串的果实？读者们首先想到的应该是葡萄、香蕉、椰子等，没错，它们是成串果实的代表，但其中谁最长呢？是香蕉吗，还是椰子？

答案是以上皆非，不过正确的谜底还是跟香蕉有关。全世界最长的果串应该是象鼻蕉，它与香蕉是同科同属的兄弟，原产于爪哇，台湾目前也有零星的栽培。

象鼻蕉因果梗长如象鼻而得名，也有人称它为千层蕉；它的果梗往往长 2 米以上，果梗末端因此常常会垂到地面来。果梗上的小果实结得密密麻麻的，如果仔细数，一根果梗上的小香蕉可以多达 3150 根左右，要是一天吃一根，足足可以吃上八年半呢！

象鼻蕉的果实长度通常不到 5 厘米，里头还塞满了种子，所以没有人拿来吃；不过它那奇长无比的果串，倒是绝佳的观赏品，相信它总有一天会在台湾园艺界红起来。

象鼻蕉的果串长 2 米以上，且整串果实又小又密，数量多达 3150 根左右，令人啧啧称奇。

最大的水果在哪里？

全世界最大的水果是什么？是西瓜吗？不是，西瓜再大再重，跟这种水果比起来还只是小巫见大巫呢！世界上最大的水果是波罗蜜，它往往长度超过60厘米，重量超过40千克，比一般小男生和小女生还重。

波罗蜜是一种高大的乔木，由于果实又大又重，因此必须是主干或大枝上才能结果，免得支撑不住。

印度是波罗蜜的故乡，早在公元前一千多年就有人加以栽培利用。目前在东南亚、巴西及牙买加等地都有大规模栽植。

中国台湾各地也有零星栽种的波罗蜜，可惜结出来的果实顶多只有十多千克，真不过瘾哪！

波罗蜜的果肉很甜很好吃，生食之外还可以制成干品慢慢享用，里头的种子也可以卤来吃。（上图）

波罗蜜是全世界最大的水果，成熟的果实往往重40千克以上，不过它是一种由许多小花共同结成的多花聚合果。（下图）

最奇妙的孢子囊群有哪些？

柄囊蕨的孢子囊群呈圆形，并由细细的柄支撑着，模样有如虾、蟹的眼睛。

蕨类植物是什么？它们跟各种花草树木有什么不同？本篇的主角——连珠蕨和柄囊蕨，又有什么特点？

一般蕨类植物在长大成熟以后，叶子背面会长出一粒粒像卵一样的东西，称为孢子囊群。如果用放大镜或显微镜观察这些假虫卵，便可以看到一个个像网球拍的孢子囊；要是放大的倍率再大一点，更可以看到隐藏在孢子囊里头的孢子。蕨类植物的孢子就等于花草树木的种子，只是它们都小得跟灰尘或粉末一样，用肉眼根本看不到，也摸不出来。

连珠蕨的孢子囊群长在缩小变窄的羽片上，多数孢子囊群成串排列，有如一条条小念珠，也是一大奇观。

连珠蕨在蕨类植物中是头号的例外，它违反常态地将一粒粒圆滚滚的孢子囊群安置在叶子的末端裂片上，而且那些裂片都突然地变窄变细，使成排的孢子囊群看起来就像一串串的念珠，真是既奇妙又有趣。

柄囊蕨则是另一个有趣的例外，它的孢子囊群被圆球形的外膜包裹着，再由不长不短的柄支持着，活像虾或螃蟹的眼睛，可爱极了。

连珠蕨目前只生长在垦丁公园的森林中，它以大树的枝干为家，数量已经不多了。真希望有人早点替它大量繁殖，除了做山区的复育之外，还可以当作观赏植物栽培。柄囊蕨则分布在台湾中南部的中海拔山区，阿里山一带还算常见，下次去阿里山时，请钻入林中找找看。

最长的豆荚是什么？

豆类植物是一个相当大的家族，它们共同的特征是都会结出豆荚，也就是植物学上所说的荚果。

豆荚的形状、大小、颜色、长短等不一而足，除了最常见的扁平形之外，还有棍棒形、念珠形、圆筒形等，光是搜集或观察各种不同的豆荚，就会让人觉得兴味盎然！

在常见的豆荚中，以坚硬的凤凰木和软脆的豇豆最长了，但它们最多也不过六七十厘米，还不算是豆荚中的巨无霸；生长在台湾及热带地区丛林中的鸭腱藤，才是全世界最长豆荚的拥有者，它结出来的荚果长达120厘米，宽达8厘米，而且果皮又厚又硬，连种子都又大又重，令人叹为观止。

鸭腱藤是一种大型的木质藤本，它的茎又粗又壮，靠着卷须攀爬到雨林的树梢上，巨大的豆荚就零星地垂挂在枝叶间，有机会到垦丁附近去旅游，只要稍微深入森林中去探险，就有机会遇见它。

鸭腱藤虽有巨大的荚果，但由于长在高高的树顶，夹缠在枝叶蔓藤间，不仔细寻找也不容易发现。

鸭腱藤的种子又大又硬，稍做抛光处理后，便是好看又耐久的摆饰。

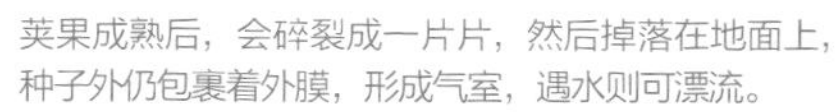

荚果成熟后，会碎裂成一片片，然后掉落在地面上，种子外仍包裹着外膜，形成气室，遇水则可漂流。

图书在版编目(CIP)数据

植物Q&A/郑元春著;林丽琪绘图. —北京:商务印书馆,2016(2022.7重印)
(自然观察丛书)
ISBN 978-7-100-12603-8

Ⅰ.①植… Ⅱ.①郑…②林… Ⅲ.①植物—普及读物 Ⅳ.①Q94-49

中国版本图书馆CIP数据核字(2016)第239055号

植物 Q&A

郑元春 著

林丽琪 绘图

商 务 印 书 馆 出 版
(北京王府井大街36号 邮政编码100710)
商 务 印 书 馆 发 行
北京中科印刷有限公司印刷
ISBN 978-7-100-12603-8

2016年11月第1版　　开本 880×1240 1/32
2022年7月北京第2次印刷　　印张 8

定价:88.00元